图1-1　春花之紫玉兰

图1-2　春花之樱花

图1-3　夏花之槐树

图1-4　夏花之梧桐

图1-5　秋花之桂花

图1-6　冬花之腊梅

图1-7　白花之白玉兰

图1-8　红花之合欢

图1-9　黄花之栾树

图1-10　紫色之紫荆

图1-11　粉色碧桃

图1-12　黄色碧桃

图1-13　白色碧桃

图1-14　浅粉色碧桃

图1-15　紫金牛的果实

U0301405

图1-16　柿树落叶之后

图1-17　鸡爪槭叶片绿色

图1-18　鸡爪槭叶片变红色

图1-19　银杏异形叶变黄

图1-20　七叶树叶片

图3-7　蛭石

图3-8　炉渣

图3-9　泥炭

图3-10　木屑

图4-27　黑斑病

图4-28　甘草褐斑病

图4-29　四季海棠立枯病

图4-30　刺槐白粉病

图4-31　梨叶斑病

图4-32　梨疫病

图4-33　苹果花叶病

图4-34　苹果腐烂病

图4-35　泡桐丛枝病

图4-36　芒果流胶病

图4-37　温室的黄色诱虫板

图6-1　雪松全株

图6-2　雪松花果

图6-3　雪松幼苗

图6-4　雪松盆景

图6-7　白皮松全株

图6-8　多主干白皮松

图6-9　白皮松茎干斑驳状

图6-10　白皮松枝叶

图6-11　白皮松种子

图6-14　油松全株

图6-15　油松新叶

图6-16　油松茎干

图6-17　油松种子

图6-21　华山松全株

图6-22　华山松枝叶和果实

图6-23　华山松茎干

图6-24　华山松的花

图6-27　侧柏全株及树形

图6-28　侧柏枝干

图6-29　侧柏枝叶

图6-30　侧柏花果

图6-31　侧柏种子

图6-32 侧柏播种苗

图6-34 圆柏全株

图6-35 圆柏的两种叶形

图6-36 圆柏花穗

图6-37 圆柏花果

图6-43 青杆全株

图6-44 青杆枝叶

图6-45 青杆花果及枝叶

图6-46 白杆全株

图6-47 白杆茎干

图6-48 白杆枝叶

图6-49 白杆花果

图6-51 广玉兰全株

图6-52 广玉兰花和叶片

图6-53 广玉兰果实

图6-54 广玉兰枝干

图6-56 广玉兰缺铁症

图6-57 白玉兰全株及冠形

图6-58 白玉兰的叶片

图6-59 白玉兰的花

图6-60 白玉兰的种子

图6-62 梧桐全株

图6-63 梧桐茎干

图6-64 梧桐枝叶

图6-65 梧桐花果

图6-69 香樟全株可孤植或作行道树

图6-70 香樟树干

图6-71　香樟叶片

图6-72　香樟浆果

图6-75　银杏全株

图6-76　银杏主干

图6-77　银杏的扇形叶

图6-78　银杏果实

图6-83　金钱松全株

图6-84　金钱松树干

图6-85　金钱松枝叶

图6-86　金钱松花果

图6-89　二球悬铃木全株

图6-90　二球悬铃木主干

图6-91　二球悬铃木的叶片和果实　图6-92　一球悬铃木叶片和果实　图6-93　三球悬铃木叶片和果实

图6-96　桃树全株　图6-97　桃花　图6-98　桃叶片

图6-99　桃树种子　图6-106　梅花全株　图6-107　梅花的花

图6-108　梅花枝叶　图6-109　梅花果实　图6-112　樱花全株

图6-113　樱花的花

图6-114　樱花叶片

图6-116　刺槐全株

图6-117　刺槐的花

图6-118　国槐全株

图6-119　国槐枝干

图6-120　槐花

图6-121　国槐的果实

图6-124　香花槐全株

图6-125　香花槐的花

图6-128　栾树全株

图6-129　栾树枝叶

图6-130　栾树果实

图6-131　栾树的花

图6-135　白蜡全株

图6-136　白蜡枝叶

图6-137　白蜡的花

图6-138　白蜡果实

图6-141　西府海棠全株

图6-142　西府海棠花和叶

图6-143　西府海棠的果实

图6-144　西府海棠种子

图6-148　合欢全株

图6-149　合欢枝叶

图6-150　合欢的花

图6-151　合欢的荚果

图6-152　三角槭全株

图6-153　三角槭茎干

图6-154　三角槭叶片

图6-155　三角槭翅果

图6-157　色木槭全株

图6-158　色木槭茎干

图6-159　色木槭叶片

图6-160　色木槭的果实

图6-162　复叶槭全株

图6-163　复叶槭枝叶

图6-164　复叶槭的花

图6-166　香椿全株

图6-167　香椿枝叶

图6-168　香椿茎干

图6-169　香椿的花果

图6-172　臭椿全株

图6-173　臭椿主干

图6-174　臭椿枝叶

图6-175　臭椿的花果

图6-177　榆树全株

图6-178　榆树茎干

图6-179　榆树枝叶和花果

图6-180　榆树播种苗

图6-182　垂柳全株

图6-183　垂柳枝叶

图6-187　旱柳全株

图6-188　旱柳主干

图6-189　旱柳枝叶

图6-190　旱柳花果

图6-192　绦柳全株

图6-193　绦柳枝叶

图6-194　绦柳花序

图6-195　橡皮树全株

图6-196　橡皮树叶片

图6-197　黑金刚橡皮树

图6-198　斑叶橡皮树

图6-201　鹅掌楸全株

图6-202　鹅掌楸茎干

图6-203　鹅掌楸叶片及花

图6-206　碧桃全株

图6-207　碧桃的花

图6-208　碧桃叶片

图6-212　紫薇全株

图6-213　紫薇枝干

图6-214　紫薇枝叶

图6-215　紫薇的花

图6-218　红叶李全株

图6-219　红叶李枝叶

图6-220　红叶李的花

图6-225　梓树全株

图6-226　梓树枝叶

图6-227　梓树的花

图6-228　梓树的蒴果

图6-231　皂荚全株

图6-232　皂荚树干

图6-233　皂荚的枝叶和花

图6-234 皂荚果实

图6-237 七叶树全株

图6-238 七叶树树干和叶片

图6-239 七叶树的花

图6-242 榉树全株

图6-243 榉树枝叶

图6-244 榉树根茎

图6-245 榉树的花

图6-246 楸树全株

图6-247 楸树枝叶

图6-248 楸树树干

图6-249 楸树的花

园林苗木繁育丛书

观赏乔木苗木繁育与养护

GUANSHANG QIAOMU MIAOMU FANYU YU YANGHU

郑志新　主编

化学工业出版社

·北京·

本书对我国常见的绿化观赏乔木育苗及生产中的相关问题做了详细的介绍。包括苗圃地的建立、观赏乔木的繁殖以及育苗新技术、观赏乔木的出圃与质量评价及病虫害防治等内容，并且从树种简介、繁殖方法、整形修剪及栽培管理等几个方面对北方常见的几十种观赏乔木的育苗技术进行了详细介绍。

本书内容实用、表达清晰、通俗易懂、图文并茂，具有极强的可操作性和可读性，适合农民朋友、苗圃管理者及企事业单位相关技术人员阅读参考。

图书在版编目（CIP）数据

观赏乔木苗木繁育与养护/郑志新主编. —北京：化学工业出版社，2016.4

（园林苗木繁育丛书）

ISBN 978-7-122-26477-0

Ⅰ.①观… Ⅱ.①郑… Ⅲ.①观叶树木-乔木-苗木-繁育②观叶树木-乔木-苗木-育苗 Ⅳ.①S687.04

中国版本图书馆 CIP 数据核字（2016）第 046934 号

责任编辑：李　丽　　　　文字编辑：王新辉
责任校对：边　涛　　　　装帧设计：刘丽华

出版发行：化学工业出版社（北京市东城区青年湖南街 13 号　邮政编码 100011）
印　　装：北京云浩印刷有限责任公司
850mm×1168mm　1/32　印张 9¾　彩插 8　字数 260 千字
2016 年 6 月北京第 1 版第 1 次印刷

购书咨询：010-64518888（传真：010-64519686）
售后服务：010-64518899
网　　址：http://www.cip.com.cn
凡购买本书，如有缺损质量问题，本社销售中心负责调换。

定　　价：49.00 元

版权所有　违者必究

《园林苗木繁育丛书》编审专家编委会

主　　任　张小红

副 主 任　霍书新　崔培雪

编委会成员（以姓氏汉语拼音排序）

常美花　崔培雪　冯莎莎　谷文明　郭　龙

霍书新　纪春明　贾志国　李秀梅　吕宏立

苗国柱　沈福英　孙　颖　徐桂清　杨翠红

叶淑芳　翟金玲　张向东　张小红　郑志新

本书编写人员名单

主　　编　郑志新

副 主 编　张俊平　翟金玲

编写人员　陈志强　乔建军　刘颖华　张俊平　郑志新

翟金玲

前言

观赏乔木以其优美的姿态、漂亮的色彩以及所蕴含的意境成为城市园林景观的必要元素，它们作为城市绿化中的主要植物种类存在，可以绿化环境、美化环境、改善环境、保护环境等。随着我国经济的不断发展，人们对生活环境的要求也越来越高，园林绿化观赏苗木也已经成为我国城镇化进程中不可或缺的一部分。近年来，随着园林绿化事业的蓬勃发展，城镇化进程不断加快，各类园林苗圃随之涌现，对最初从事园林观赏苗木栽培的苗圃管理者及相关从业人员，缺乏相对容易理解和接受的参考资料，为此，我们编写了此书，以期为相关从业人员就观赏乔木的繁殖栽培技术提供相应的参考。

本书就目前我国北方地区常见的绿化观赏乔木育苗及生产中的相关问题做了详细的介绍。首先综述了观赏乔木在园林绿化中的作用及意义，详细介绍了常见的园林绿化乔木在当代城镇绿化中的分类标准和依据及分类方法；接着详细介绍了观赏乔木的传统繁殖方法（播种育苗、嫁接育苗、扦插育苗及其他育苗方法）和观赏乔木育苗新技术，主要是容器育苗技术；然后介绍了观赏乔木的生产管理，包括苗圃地的管理、观赏乔木的整形修剪、观赏乔木的出圃及病虫害的防治等；还介绍了现今应用最多的大树移植技术；最后从树种简介、繁殖方法、整形修剪及栽培管理等几个方面对北方常见的几十种观赏乔木的繁育与栽培技术进行了详细介绍，内容通俗易懂，有图片有说明，图文并茂，一目了然。

全书配图 400 多幅，增加了本书的可读性和直观性以及在实际工作中的参考作用，适合园林绿化相关从业人员及简单的家庭苗圃管理者阅读、参考。

本书由河北北方学院郑志新主编，河北北方学院张俊平，张家口市森林病虫害检疫站翟金玲、陈志强，张家口市庞家堡林场乔建军，唐山市园林绿化管理局刘颖华参与了本书的编写工作。在本书的编写过程中，得到了许多业内同行、一线专家的大力支持，其中张小红、崔培雪老师对本书的编写工作提出了许多宝贵的意见和建议，在此表示由衷的感谢。

书中如有疏漏和不足之处，恳请希望广大读者批评指正。

编者

2016 年 1 月

目录

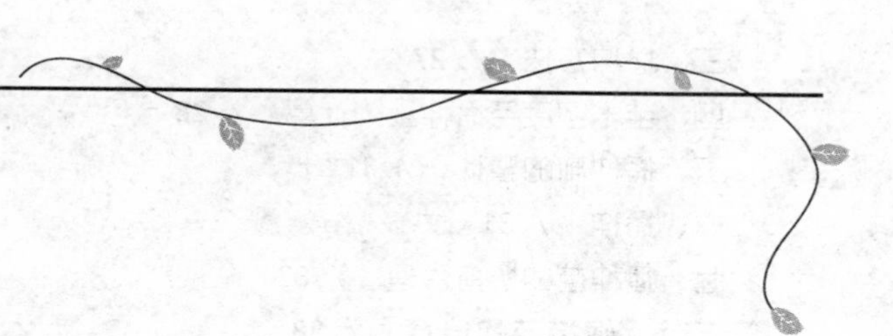

绪论

第一章 观赏乔木的种类和特点

第二章 观赏乔木的繁殖与培育技术

第四章 观赏乔木的生产管理

第五章 大树移植技术

第六章 常见观赏乔木培育技术

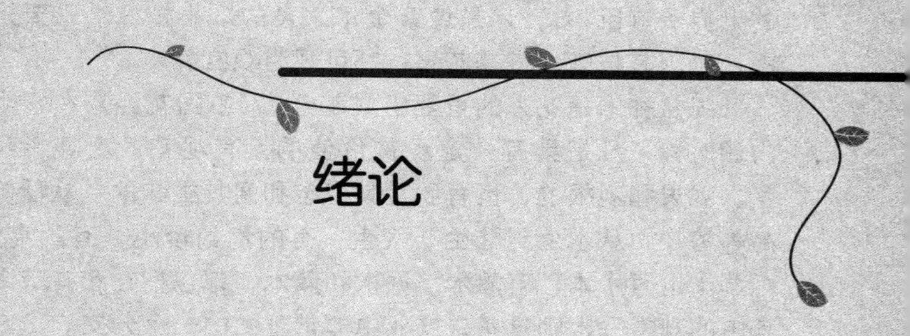

绪论

我国是一个观赏植物资源多样性十分丰富的一个国家，蕴藏着丰富的观赏植物资源。我国的被子植物总数高居世界第三位，达到了 2700 多属，约 3 万种，仅次于巴西和马来西亚。原产我国的木本植物达到了 7500 多种，在世界树木总数中占有相当大的比例，同时我国的花卉资源也极为丰富，又以西南地区最为突出，被广泛称为“世界园林植物之母”“世界园林植物种质资源库”等。

一、园林绿化观赏乔木育苗的意义

（一）什么是观赏乔木

观赏乔木泛指一切可供观赏的乔木植物。观赏乔木栽植于园林或庭院中，以供观赏应用，称为园林树木或庭院树木。但观赏乔木不仅限栽植于庭院中，还可用于城乡美化、绿化的多个方面，如列植的行道树、高速路的隔离带等。因此，观赏乔木的名称，较之园林树木，其含义更广。

与一般树木相比，观赏乔木的作用不在造林或木材利用等方面，而在其观赏价值上。观赏价值是多方面的，凡是冠形优美或怪异、枝干雄伟或秀丽、枝叶鲜艳或多彩、花朵色相丰富而馥郁、果实诱人而挂果持久者都属观赏乔木的范畴。因此，无论像百尺巨木的世界爷（巨杉），还是像紫金牛之类的矮小植株，只要是千姿百态，可观其枝叶、赏其花果，都可视为观赏乔木。

观赏乔木是花卉的重要组成部分。《中国花经》在阐明花卉的内涵时称“凡是具有一定观赏价值的，有观花、观叶、观芽、观茎、观果和观根的，也有欣赏其姿态和闻其香味的；从低等植物到高等植物，从水生到陆生、气生；有的匍匐矮小，有的高大直立；有草本也有木本，有灌木、乔木和藤本，都包括在花卉范围之中”。其中的观赏乔木则是花卉产业中非常重要的一个分支。

（二）观赏乔木种苗培育的意义

观赏乔木不仅应用于城镇绿化及园林建设，同时还具有多方面的功能和作用，比如包括环境效益、经济效益和社会效益等在内的综合效益。

1. 环境效益在于体现人与自然的和谐共存

观赏树木的“姿、色、香”及完美的结合“韵”，是环境艺术和大地园林化的基础。正所谓“无树不绿，无花不美，无草不净”。观赏树木还通过生长发育的昼夜及季节节律，构成了环境特有的节奏感及动态感，体现了生命的自然旋律。如春季的玉兰和梅花、夏季的紫薇和木槿、秋季的木芙蓉、冬季的腊梅等，它们相继依次出现，即是四季交替的生动写照。

观赏乔木在绿化、美化、彩化、香化环境的同时，也兼具了保护环境的功能。如可以吸收二氧化碳，释放氧气；调节温湿度，改变周围小气候等。

2. 经济效益在于成为具有活力的新型产业和新的经济增长点

观赏乔木业，是三高农业的重要组成部分，是农业结构调整之后具有发展前景的新型产业，市场前景广阔，成为新的经济增长点。

3. 社会效益在于推动物质文明和精神文明的共同进步

观赏园艺发展水平从一个侧面反映出国家的历史、文化、艺术传统及科学技术与经济水平，它与社会进步及两个文明建设息息相关。观赏植物鲜艳缤纷，芳香怡人，在赏心悦目中还可陶冶情操、增进健康。因此、它是美好幸福、繁荣昌盛、安定团结及和平友谊的象征。在节日庆典、会议洽谈、博览展示、社会生活及国际交往中，观赏植物又是沟通理解和情感交流的桥梁，跨越国界的和平友好使者。

栽培观赏植物，还可增加科学知识，提高文化素养。总之，观赏乔木已渗透我们生活的各个方面，激励人们热爱祖国，热爱自然，保护环境。对促进物质文明及精神文明建设，起到了积极作用。

正因为如此，就要求有大量的种苗可以满足市场需求，为种苗培育提供了必要性。种苗是园林绿化中各种植物生产的基础，种苗质量的好坏影响到后期的造林绿化和园林绿化的成败。

种苗生产的目的是根据生产的需要，育成数量充足且质量良好的秧苗。众所周知，秧苗处于植物生长发育的幼年阶段，组织幼嫩，易受到外界环境条件的影响，抗逆性差，只有通过种苗培育，人为创造较为适宜的温度、湿度、光照与营养条件，才能提供健壮的秧苗，为园林植物的优质高产打下良好的基础。

观赏乔木同其他花卉一样，具有繁殖功能，通过不同的繁殖方法来获得新的个体或新的品种，从而促进新生命的延续。

与直播相比，种苗培育具有众多优势。

① 便于集约化管理，保证稳产丰产。有些观赏乔木幼苗生长缓慢，苗期长，种苗培育可以集中管理，利于壮苗培育；同时由于苗期集中管理，便于土、肥、水的管理，可以保证种苗的质量和品种特性。

② 提高土地复种指数，提高土地利用率。

③ 节约种子用量，降低成本。通过集中的苗床育苗、圃地育苗，播种量比大田直播育苗用量减少近一半，而目前由于新品种不断涌现，种子价格一直居高不下，通过种苗培育可以大大节约育苗成本。

④ 有利于观赏花灌木提早开花，均衡供应。人为创造相对有利的条件，通过圃地育苗等可以解决生育期长与无霜期短的矛盾，从而提早开花或满足市场需求。

二、观赏乔木种苗培育的任务

随着城市绿地的特殊要求，为了美化城市环境，不断调节和改善城市的生态环境，越来越多的苗木需要填充到城市绿化中来，而观赏乔木则是这些苗木的重要组成部分。通过各种育苗技术与方法来获得大量满足市场需要的观赏乔木，在增加城市绿化量的同时应用不同形态、颜色的苗木使得城市变得更加美丽。

三、观赏乔木种质资源在世界园林中的地位

我国被誉为“世界园林之母”，以自己丰富、优良的种质资源，为世界园林事业做出了自己的贡献。

在我国，特别是南部和西南部地区由于特定的地理条件，形成了世界上某些观赏植物的分布中心，仅我国云南省就拥有了杜鹃、山茶等高等植物1800多种，而西双版纳地区作为我国热带雨林的保留地，更是在只占我国领土面积2%的土地上育有约占全国14.3%的植物，达到了5000多种，被誉为“中国植物王国的皇冠”。

很多的著名花卉及其科、属，以我国为其分布中心，如腊梅、泡桐等（表0-1）

我国的花卉资源经过多种渠道流入世界各地，为丰富世界园艺作出了很大的贡献。早在公元5世纪，荷花经朝鲜传入日本。约从8世纪起，梅花、牡丹、菊花、芍药等东传日本。茶花于14世纪传至日本，17世纪又传至欧美。16世纪以后，我国大量的花卉资源传入国外，欧美自我国花卉引进后，很快改变了原来的面貌。他们曾把到我国采集花卉资源称为挖金（表0-2）。

美国博物学家威尔逊18年来先后5次到中国采集植物标本，盛赞中国具有优质的观赏植物资源。在北美、意大利、德国、日本、英国等国家的园林植物中，中国植物构成了其重要的组成部分，甚至有着“没有中国植物就不能称其为园”的说法。英国著名的皇家园林——邱园中就有着大量来源于中国的园林植物。

表0-1　我国部分花卉占世界总数

属名	我国总数	世界总数	所占比例/%
金粟兰	15	15	100
腊梅	6	6	100
泡桐	9	9	100
刚竹	45	50	90

续表

属名	我国总数	世界总数	所占比例/%
山茶	195	220	89
油杉	10	12	75
槭树	150	205	73
猕猴桃	53	60	88
丁香	27	32	84
卫矛	125	150	83
石楠	45	55	82
绿绒蒿	37	45	82
木兰	73	90	81
杜鹃	530	990	59
蔷薇	65	150	43
龙胆	230	440	158

注：除注明外，所有数据均来源于网络，下同。

表 0-2 我国部分花卉流向国外简表

花卉名称	外流年代	引种国家	花卉名称	外流年代	引种国家
石竹	1702	英国	王百合	1787	英国
黄蜀葵	1708	英国	菊花	1789	法国
翠菊	1728	法国	月季	1792	英国
山茶	1739	英国	卷丹	1804	英国
硕苞蔷薇	1750	英国	芍药	1805	英国
苏铁	1758	英国	野蔷薇	1814	英国
射干	1759	英国	紫藤	1816	英国
牡丹	1787	英国	藏报春	1819	英国

四、观赏乔木种苗培育现状和市场前景

（一）观赏乔木种苗培育生产历史及现状

观赏种苗是园林绿化建设的物质基础，园林苗木的生产能力和状况在一定程度上决定了城市园林绿化的进程和发展方向，必须有足够数量的优秀苗木才能保证园林事业的顺利发展，观赏乔木作为园林绿化苗木的重要组成部分，对于园林绿化事业的稳步发展所起的作用也是不容置疑的。早在 1958 年，我国就召开了第一次全国城市绿化会议，会议指出苗圃是绿化的基础，城市绿化需苗木先行

等观点。到目前为止，每个城市都有自己的绿化用苗苗圃，基本可以实现大部分绿化用苗的自给，尤其以观赏用苗木为主。

近年来苗圃的数量与日俱增，园林苗圃迅速发展，园林苗木大量培育利用。新的育苗技术不断涌现，弥补传统育苗之不足，使得育苗工作突破时间、空间的限制。组培工厂生产基地的建设，组培繁育技术及先进的生物技术在苗木繁育中的应用，人工种子的大粒化技术、保护地育苗、容器育苗、无土育苗、全自动温室育苗等现代育苗技术的应用，以及轻型育苗基质的应用和全自动喷雾嫩枝扦插育苗技术的发展，大大提高了园林苗木培育的水平和数量，丰富了苗木的种类，提高了苗木的整齐度和质量。

随着人们对园林绿化的要求越来越高，新的问题开始出现。一方面现有的苗圃及园林植物的生产还不能满足飞速发展的城市绿化的需求，城市绿化的苗木自给还比较困难，虽然各地都有了自己的苗圃，但还是不能完全实现苗木的自给，或者有特殊栽培需求的苗木不能自给，导致外来苗木不能很好地适应当地的土壤和气候环境条件，成活率和保存率得不到很好的保障。另一方面，很多园林苗圃的苗木质量得不到保证，苗木的规格、质量、种类和造型等不能满足日益发展的绿化需求。

（二）观赏乔木种苗培育市场前景

城市绿化作为城市基础设施，是城市市政公用事业和城市环境建设事业的重要组成部分。城市绿化关系到每一个居民，渗透各行各业，覆盖全社会。园林发展的好坏不仅标志着城市的活力和文明，城市环境的好坏还体现了社会的进步状况和人们素质水平的高低。

我国的城市绿化水平在迅速发展，随着城镇化水平的提高，居住的舒适感和近自然理论刺激的绿地覆盖率的提升；国家及各级地方职能部门也出台了各种各样的政策来刺激园林绿化的发展，“园林城市”“生态城市”的评选刺激地方各级政府加大绿化量，提高绿化率，同时刺激了各种苗木市场的发展，这是观赏乔木种苗市场良好的外在动力。

城市绿化迅速发展，为园林绿化植物的种苗培育提供广阔的市场前景，要求苗圃工作者要努力做到科学合理地进行苗木的培育和繁殖工作，进一步开发利用更多的苗圃资源，特别是通过对园林苗圃的苗木进行定向培育，使得苗木生产定向化、多样化，发掘潜在的绿化功能。争取做到苗木种类多样性、地域特点明显、苗木特色突出，实现低成本、高产出的可持续园林苗木生产，以保证为园林绿化提供品种丰富、品质优良而且适应性良好的园林苗木。

国内园林绿化市场已从单纯的“绿化”转向“彩化、美化”，原有的金叶女贞、紫叶小檗已不能满足城乡绿化的需要，迫切需要更多的集观叶和观花或观果或观枝于一身的新型彩叶植物，如金叶连翘、金叶接骨木、花叶红瑞木、彩叶卫矛、红叶石楠、紫叶矮樱、马醉木等。而观赏乔木的价格也日新月异，表 0-3 为 2014 年部分观赏乔木售价。

表 0-3　2014 年部分观赏乔木价格表

产品名称	米径/m	高度/m	冠幅	地径/m	单位	价格/元	备注
流苏	1				株	5	
金边黄杨		35			株	0.55	
红叶小檗		40			株	0.3	
卫矛		20			株	0.15	
大叶栀子花		40			株	0.25	
黄玉兰				7	株	120	沭阳
紫叶李				11	株	580	苗圃
朴树	15	300	120		株	1350	
合欢	10				株	200	合欢 2
红花紫薇	30	800	350	32	株	45000	
朴树	55	900	500		株	3800	野生
红叶石楠		100	30	5	棵	150	
白枇杷				6	株	260	
樱花				7	株	200	
杜英	4	4	3	5	株	30	
青珊瑚		120			株	4	

注：此数据来源于中国园林网，数据更新于 2014 年 12 月 19 日。

第一章 观赏乔木的种类和特点

第一节 观赏乔木的分类

一、植物学的系统分类法

植物学的系统分类法是依照植物亲缘关系的远近和进化过程，以种作为分类的基本单位，按照类上归类、类下归类的方法，将现有的植物分成界、门、纲、目、科、属、种七级，以此为基础有各自的上下级分类单位。1753 年，瑞典著名的植物学家、动物学家和医生林奈为了植物鉴定方便，提出了“双名法”的生物命名方法，双名法是拉丁化了的学名，至此，每个植物都有了一个独立且唯一的名字。虽林奈为植物的命名提供了一定的方法和技术，植物分类学的发展也有很长的历史，但是到目前为止，还没有形成一个完善的被大家统一接受的系统。各个国家的学者根据自己的国情和现有的资料以及各自的观点，形成了不同的植物学分类学派，目前常见的两个学派，一是恩格勒分类系统，以真花学说为依据而建立，我国的《中国高等植物图鉴》《中国植物志》和各个地方的植物志就是以此为依据建立的；二是哈钦松分类系统，它以多心皮植物为被子植物的原始类群，我国的园林树木、观赏树木一般采用该分类系统。现以银杏为例，说明植物学的系统分类法。

植物界
- 裸子植物门
  - 银杏纲
    - 银杏目
      - 银杏科
        - 银杏属
          - 银杏

二、栽培学的应用分类法

观赏乔木种类繁多，习性各异，各自有着不同的生态要求。而人工栽培观赏乔木成功的关键则在于掌握各种观赏乔木的生态习性及生物学特性，采取合适的栽培技术来适应各种观赏乔木不同的生态要求，以达到栽培、育苗的预期目标。

观赏乔木的栽培应用，包含美观、实用两个方面，栽培学分类标准的制定，也要根据此要求进行，常见的分类依据有落叶与否、观赏特性、栽培用途等方面，各自对应不同的观赏乔木种类和应用目的。

（一）依据观赏特性进行分类

这种分类方法主要以观赏乔木的观赏器官为分类依据，一般常分为如下几类。

1. 花木类

即观花树种。此类树种花色鲜艳，花期较长，茎叶无独特之处，以小乔木为主，如樱花、紫薇等。可以观其花期，赏其花色，看其花形，闻其花香。花期即开花时期，春天开花的有紫玉兰（图1-1，见彩图）、樱花（图1-2，见彩图）、海棠、杏、梨等，早春开放，阳春白雪，别具特色。夏花类的有槐树（见图1-3，见彩图）、梧桐（图1-4，见彩图）等。秋花类的有桂花（图1-5，见彩图）等。冬花类的有腊梅（图1-6，见彩图）等，傲雪风霜，寒梅彻骨，别有一番风味。也有观花色的，白色如白玉兰（图1-7，见彩图）、含笑、梨、李等红色如合欢（图1-8，见彩图）、石榴等，黄色如黄梅花、栾树（图1-9，见彩图）等，紫色如紫荆（图1-10，

图1-1　春花之紫玉兰

图1-2　春花之樱花

图 1-3　夏花之槐树

图 1-4　夏花之梧桐

图 1-5　秋花之桂花

图 1-6　冬花之腊梅

图 1-7　白花之白玉兰

图 1-8　红花之合欢

见彩图）等。除单色花外，还有颜色各异、花形各异的，如碧桃（图 1-11～图 1-14，见彩图）等。

此外，还有观花形的，有单瓣花、复瓣花、重瓣花等；还有观花量的，有的零星点缀，有的挂满枝头，呈现不同的观赏特点、不同的趣味。

图 1-9　黄花之栾树

图 1-10　紫色之紫荆

图 1-11　粉色碧桃

图 1-12　黄色碧桃

图 1-13　白色碧桃

图 1-14　浅粉色碧桃

2. 果木类

即观果苗木。该类苗木花形小，花期短，茎叶也无独特之处，但其果实色泽鲜艳，果形奇特，经久耐看，且对环境没有任何污染作用，可观果形，看果色，如紫金牛（图 1-15，见彩图）、秤锤树、柿树（图 1-16，见彩图）等。

图 1-15　紫金牛的果实

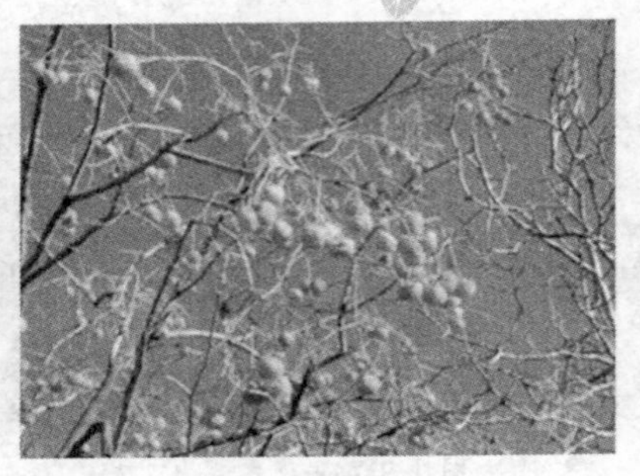
图 1-16　柿树落叶之后

3. 叶木类

即观叶树种。此类树种花形不美，花期短或很少开花，但其叶片或叶形奇特，或叶色缤纷艳丽，是其主要的观赏部位，尤以叶色绚烂多变而受到广泛重视，如鸡爪槭、黄栌、银杏、鹅掌楸、七叶树（图 1-17～图 1-20，见彩图）等。

图 1-17　鸡爪槭叶片绿色

图 1-18　鸡爪槭叶片变红色

除了观花、观果、观叶的苗木外，还有部分可以观枝或观芽的苗木，如四川樱桃、白皮松（图 1-21）等。

（二）依据生物学习性进行分类

1. 常绿观赏乔木

常绿苗木是一种具有绿叶的苗木，并且每年都会有新叶长出，

图 1-19　银杏异形叶变黄

图 1-20　七叶树叶片

图 1-21　白皮松树干斑驳状

在新叶长出的时候也有部分旧叶脱落，由于是陆续更新，所以终年都能保持常绿，雪松（图 1-22）、油松（图 1-23）、青杆、白杆等在我国北方地区常见。

2. 落叶观赏乔木

落叶苗木是指寒冷或干旱季节到来时，叶同时枯死脱落的苗木，北方常见的有杨树、旱柳、绦柳、榆树、合欢（图 1-24）、银杏（图 1-25）等。

（三）依据观赏乔木的绿化用途分类

（1）独赏树（孤植树、标本树、赏形树）类　如圆柏（图

图 1-22　雪松

图 1-23　油松

图 1-24　合欢冬态

图 1-25　银杏冬态

图 1-26　圆柏孤植

图 1-27　香樟是优良的行道树和庭荫树

1-26)、银杏等。

(2) 庭荫树类　如榕树、香樟、柿树、石榴、核桃等(图 1-27、图 1-28)。

(3) 行道树类　如悬铃木、银杏、杨树、榆树、法国梧桐、香樟等（图 1-29、图 1-30）。

（4）防护林类　如杨树（图 1-31）、旱柳等。

图 1-28　核桃树是优良的庭荫树

图 1-29　法国梧桐作行道树

图 1-30　悬铃木作行道树

图 1-31　杨树用作城市防护林

第二节　观赏乔木的特点

观赏乔木的美主要表现在色彩、形态、芳香及感应等方面，通过叶、花、果、枝、干、根等观赏器官或部位，以树体大小、姿态、色彩等观赏特性为载体，给观赏者以客观直接的感受，实现了园林美的主旋律。其主要特点有以下几方面。

一、色彩丰富

观赏乔木色彩的类型和格调主要取决于叶、花、果、枝干的颜色。而叶色的变化取决于叶片内的叶绿素、叶黄素、类胡萝卜素、花青素等色素的变化，同时还受叶片对光线的吸收和反射差异的影响，这样可以看到基本的叶色，即绿色，受树种及光线的影响，可以看到墨绿、深绿、油绿、亮绿等不同程度的绿色，且会随着季节发生变化；除绿色外，也有其他没有季节性变化的常色叶类，也有随着季节的变化而变化的季节色叶类。同样枝干的颜色也有多种，会引起人们极大的观赏兴趣，如红色的红瑞木、山桃，黄色的黄金嵌碧玉竹，这些具有特色颜色枝干的观赏乔木，若配合冬春雪景，效果定当显著。还有花色，即花被或花冠的颜色，同样与花青素及光线有着密切的关系，可以将其群植或丛植以发挥其群体美或立体美。

二、形态多样

观赏乔木的形态是其外形轮廓、姿态、大小、质地、结构等的综合体现，给人以大小、高矮、轻重等比例尺度的感觉，是一种造型美，可以是自然的体现，也可以是人为造型，在园林应用过程中是不可分割的一个部分。其多样性体现主要是通过树形来完成的，观赏乔木常见树形有圆球形、垂枝形、披散形、中心领导干形、自然式树形、拱枝形等（图 1-32、图 1-33）。

图 1-32 垂柳伴水而生

图 1-33 龙爪槐拱枝形

三、芳香独特

常见的香花苗木有很多种，其香味来源于花器官内的油脂类或其他复杂的化学物质，随着花朵的开放分解为挥发性的芳香油，刺激观赏者的嗅觉，产生愉快的感觉，如茉莉的清香，桂花、含笑的甜香，白兰花的浓香，玉兰的淡香，尤其在特殊花园或观赏景观的建设和生态保健林的营建中具有十分积极的作用。

四、观赏乔木的感应

观赏乔木给人的印象不仅仅局限于色彩、形态等外形的直感，其对于环境的反应同样可以使得观赏者获得感官或心理上的满足感。当日光直射叶片，叶片的光亮和角质层或蜡质层就会产生一定的反光效果，可以使得景物更加迷人；观赏乔木的枝叶受风雨的作用产生不同的声响，也可加强或渲染园林的氛围，令人沉思，引人遐想，随着风雨摇曳，姿态变化万千，给人以流动的美感；灌木些许的阴影既能烘托局部的气氛，也能增加观赏情趣，又何乐而不为呢？

第二章 观赏乔木的繁殖与培育技术

第一节 观赏乔木的播种繁殖与培育

播种繁殖在实际生产中采用得最多，许多乔灌木都是用种子繁殖培育的。观赏乔木的种子体积小，采收、储藏、运输都很方便。利用种子繁殖一次可获得大量的苗木，因此种子繁殖在园林苗圃中占有很重要的地位。

用种子繁殖的苗木称为实生苗或播种苗。实生苗生长旺盛，有强大的根系，主根发达，深深地扎在土壤中，有利于生长；对各种不良生长环境的抵抗力较强，如抗风、抗旱、抗寒力等一般都高于营养繁殖苗；年龄小，遗传、保守性弱，可塑性强，有利于引种驯化和定向培育新品种；实生苗发育阶段年轻，开花结实较晚，寿命也比营养繁殖苗长。

一、播种前的种子和土壤处理

（一）播种前的种子处理

播种前的种子处理是为了提高场圃发芽率，促使苗木出土早而整齐、健壮，同时缩短育苗期，进而提高苗木的产量和质量。

1. 种子精选

播种前对种子进行精选，把种子中的杂物去除，再把种粒按大小进行分级，以便分别播种，使幼苗出土整齐一致，便于管理。

2. 种子消毒

播种前要对种子进行消毒，因为种子表面有很多病菌存在，播种前对种子进行消毒，不仅可以杀死种子本身所带来的各种病害，而且可使种子在土壤遭受病虫危害时，起到消毒和防护的双重作用。常用的消毒剂和消毒方法如下。

(1) 甲醛（福尔马林）溶液浸种　在播种前 1～2 天将 1 份福尔马林（浓度 40%）加 266 份水稀释成 0.15%的溶液，把种子放入溶液中浸泡 15～20min，取出后密闭 2h，再将种子摊开，阴干后即可播种。每千克溶液可消毒 10kg 种子。用福尔马林消毒过的种子，应马上播种，如果消毒后长期不播种会使种子发芽率和发芽势下降，因此用于长期沙藏的种子，不要用福尔马林进行消毒。

(2) 硫酸铜及高锰酸钾溶液浸种　用硫酸铜溶液进行种子消毒时，可用0.3%～1%的溶液，浸种4～6h。若用高锰酸钾溶液消毒种子，不宜用高浓度溶液。

(3) 敌克松拌种　药量为种子质量的0.2%～0.5%。具体做法是将敌克松药剂与细土混合，配成药土后进行拌种。这种方法对预防立枯病有很好的效果。

(4) 温水浸种　对针叶树种，可用40～60℃温水浸种，用水量为种子体积的2倍。该法对种皮薄的或不耐较高水温的种子不适用。

3. 种子催芽

种子通过催芽可以解除休眠，使幼苗出土整齐，适时出苗，从而提高场圃发芽率。同时还可增强苗木的抗性，因此种子通过催芽可以提高苗木的产量和质量。而催芽是以人为的方法，打破种子的休眠，促使其部分种子露出胚根或裂嘴的处理方法。

常用的种子催芽方法有以下几种。

(1) 层积催芽　把种子与湿润物混合或分层放置，促进其达到发芽程度的方法称为层积催芽。层积催芽方法广泛应用于生产，如山楂、海棠等都可以用这种方法。种子在层积催芽的过程中恢复了细胞间的原生质联系，增加了原生质的膨胀性与渗透性，提高了水解酶的活性，将复杂的化合物转化为简单的可溶性化合物，促进新陈代谢，使种皮软化产生萌芽能力。另外，一些后熟的种子（形态休眠的种子）如银杏等树种，在层积的过程中胚明显长大，经过一段时间，胚长到应有的长度，完成了后熟过程，种子即可萌发。

处理种子多时可在室外挖坑（图2-1）。一般选择地势高燥、排水良好的地方，坑的宽度以1m为好，不要太宽。长度随种子的多少而定，深度一般在地下水位以上、冻层以下，由于各地的气候条件不同. 可根据当地的实际情况而定。坑底铺一些鹅卵石，其上铺10cm的细沙，干种子要浸种、消毒，然后将种子与沙子按1∶3

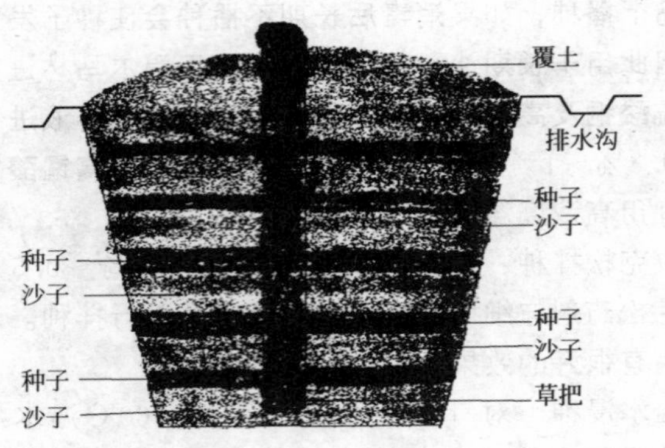

图 2-1 种子坑藏

的比例混合放入坑内，或者一层种子、一层沙子放入坑内（注意沙子的湿度要合适），当沙子与种子的混合物放至距坑沿 10～20cm 时为止。然后盖上沙子，最后用土培成屋脊形，坑的两侧各挖一条排水沟。在坑中央直通到种子底层放一秸秆或木制通气孔，以流通空气。如果种子多，种坑很长，可隔一定距离放一个通气孔，以便检查种子坑的温度。

(2) 水浸催芽　水浸的目的是促使种皮变软，种子吸水膨胀，有利于种子发芽。这种方法适用于大多数观赏树木的种子。

一般为使种子吸水快，多采用热水浸种，但水温不要太高，以免烫伤种子。树种不同浸种水温差异很大，如杨、柳、泡桐、榆等小粒种子，由于种皮薄，需要用 20～30℃的水浸种或用冷水浸种；对种皮坚硬的合欢等种子则要用 70℃的热水浸种；对含有硬粒的山楂种子应采取逐次增温浸种的方法，首先用 70℃的热水浸种，自然冷却一昼夜后，把已经膨胀的种子选出，进行催芽，然后再用 80℃的热水浸剩下的硬粒种子，同法再进行 1～2 次，这样依次增温浸种，分批催芽，既节省了种子，又可使出苗整齐。

水温对种子的影响与种子和水的比例、种子受热均匀与否、浸种的时间等都有着密切的关系。浸种时种子与水的容积比一般以 1∶3为宜，要注意边倒水边搅拌，水温要在 3～5min 内降下来。如果高于浸种温度应兑凉水，然后使其自然冷却。浸种时间一般为

1～2 昼夜。种皮薄的小粒种子缩短为几个小时，种皮厚、坚硬的种子可延长浸种时间。经过水浸的种子，捞出放在温暖的地方催芽，每天要淘洗种子 2～3 次，直到种子发芽为止。也可以用沙藏层积催芽，将水浸的种子捞出，混以 3 倍湿沙，放在温暖的地方，为了保证湿度要在上面加盖草袋子或塑料布。无论采用哪种方法，在催芽过程中都要注意温度应保持在 20～25℃，且保证种子有足够的水分，有较好的通气条件，并经常检查种子的发芽情况，当种子有 30%裂嘴时即可播种。

(3) 药剂浸种催芽　有些灌木的种子外表有蜡质，有的种皮致密、坚硬，有的酸性或碱性大，为了消除这些妨碍种子发芽的不利因素，必须采用化学或机械的方法，以促使种子吸水萌动。如用草木灰或小苏打水溶液浸洗山楂等种子，对发芽有一定的效果。浓硫酸可以腐蚀皂角、栾树或青桐的种子，但药剂处理后要用清水冲洗干净后再沙藏。

另外，还可用微量元素如硼、锰、铜等药剂进行浸种，可以提高种子的发芽势和苗木的质量。植物激素如赤霉素（GA）、吲哚丁酸（IBA）、萘乙酸（NAA）、2,4-D、细胞激动素（KT）、6-苄基嘌呤（6-BA）、苯基脲、KNO_3 等用于浸种也可以解除种子休眠。赤霉素、激动素和 6-苄基膘呤一般使用浓度为 0.001%～0.1%，而苯基脲、KNO_3 为 0.1%～1%或更高。处理时不仅要考虑浓度，而且要考虑溶液的数量，种皮的状况和温度条件等对处理效果也有较大的影响。

(4) 机械损伤催芽　用刀、锉或沙子磨损种皮、种壳，增加种子的吸水、透气能力，促使种子萌动，但应注意不应使种子受伤。机械处理后还需水浸或沙藏才能达到催芽的目的。

（二）播种前的土壤处理

播种前土壤处理的目的是消灭土壤中的病菌和地下害虫。现将常用的消毒方法介绍如下。

1. 高温处理土壤

国内主要采取烧土法。具体做法是在柴草方便的地方，可在圃地放柴草焚烧，对土壤耕作层加温，进行灭菌。这种方法能起到灭菌和提高土壤肥力的作用。另外，面积比较小的苗圃，也可以把土壤放在铁板上，在铁板底下加热，可起到消毒作用。

2. 药剂处理

(1) 福尔马林（甲醛） 每平方米用福尔马林 50mL，加水 6～12L，在播种前 10～20 天，洒在播种地上，用塑料布或草袋子覆盖。在播种前 1 周打开塑料布，等药味全部散失后播种。

(2) 五氯硝基苯与敌克松或代森锌的混合剂 其中五氯硝基苯占 75%，敌克松或代森锌占 25%，每平方米施用量 4～6g。也可用 1∶10 的药土，在播种前撒入播种沟中，然后再播种。

(3) 硫酸亚铁 一般使用 2%～3%的硫酸亚铁溶液，用喷壶浇灌苗床，每平方米用溶液 9L 后即可播种。

(4) 高锰酸钾 使用 1%的高锰酸钾对土壤进行消毒后播种。如有地下害虫，在耕地前可用敌百虫等药剂进行消毒，也可制成毒饵杀死地下害虫。

二、播种季节

观赏乔木播种时间的确定要根据各种花卉的生长发育特性、花卉对环境的不同要求、计划供花时间、当地环境条件以及栽培设施而定。在自然条件下的播种时间，主要按下列原则处理。

（一）春季播种

大多数木本植物多在春季播种，一般北方在 4 月上旬至 5 月上旬，中原一带则在 3 月上旬至 4 月上旬，华南多在 2 月下旬至 3 月上旬播种。春播在土壤解冻后进行，在不受晚霜危害的前提下，尽量早播，可延长苗木的生长期，增加苗木的抗性。

（二）秋季播种

部分木本植物一般是在立秋以后播种，北方多在 9 月上、中旬，南方多在 9 月中、下旬和 10 月上旬播种，在冬季低温、湿润条件下起到层积作用，打破休眠，次年冬天即可发芽。秋播可使种子在栽培地通过休眠期，完成播种前的催芽阶段，翌春幼苗出土早而整齐，延长苗木的生长期，幼苗生长健壮，成苗率高，增加抗寒能力。

（三）夏季播种

夏季气温高，土壤水分易蒸发，表土干燥，不利于种子的萌发，因此可在雨后进行播种或播前进行灌水，有利于种子的萌发，同时播后要加强管理，经常灌水，保持土壤湿润，降低地表温度，有利于幼苗生长。为使苗木在冬季来临前能充分木质化，以利安全越冬，夏播应尽量提早进行。

（四）冬季播种

在我国南方，冬季气候温暖，雨量充沛，适宜冬播。如福建、广东、广西地区的杉木、马尾松等，常在初冬种子成熟后随采随播，使种子发芽早，扎根深，幼苗的抗旱、抗寒、抗病等能力强，生长健壮。

（五）随采随播

含水量大、寿命短、不耐储藏的植物种子应随采随播，如柳树、榆树、腊梅等。

（六）周年播种

一些植物，只要温度、湿度调控适宜，一年四季都可以随时进行播种。

三、播种方法

（一）撒播

将种子均匀地抛撒于整好的苗床上，上面覆 0.5～1cm 厚的细土。主要适用于种子细小的植物种类，如玉兰、海棠等（图 2-2）。

（二）条播

按一定的株行距开沟，沟深1～1.5cm，将种子均匀地撒到沟内，覆土厚度1～3cm。适用于中粒或小粒种子，如海棠、鹅掌楸、月季等（图2-3、图2-4）。

图2-2 散播

图2-3 条播

（三）穴播或点播

按一定的行距开沟或等距离开穴，将种子1～2粒按一定株距点到沟内或点入穴中（图2-5、图2-6），覆土厚度3～5cm。适用于大粒或超大粒种子，如榛子、核桃、板栗、桂圆、紫茉莉等。

图2-4 空气条播机

图2-5 点播

四、苗木密度与播种量的计算

（一）苗木密度

苗木密度是单位面积（或单位长度）上苗木的数量，它对苗木的产量和质量起着极其重要的作用。苗木过密，每株苗木的营养面积小，苗木通风不好、光照不足，降低了苗木的光合作用，使光合

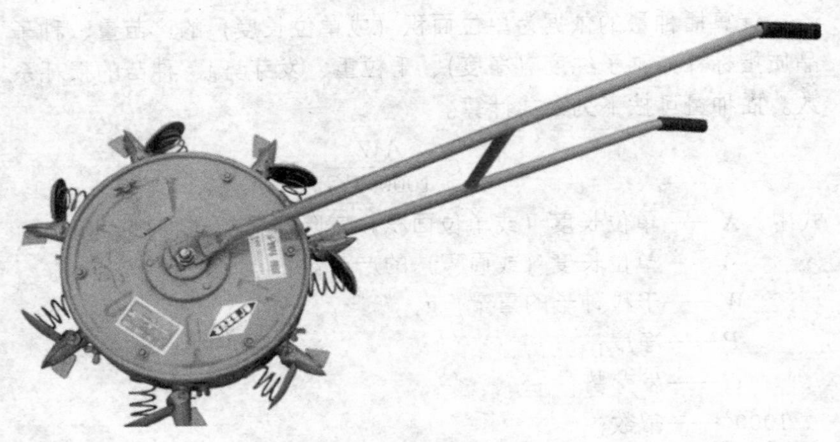

图 2-6　手动点播器

作用的产物减少，表现在苗木上为苗木细弱，叶量少，根系不发达，侧根少，干物质重量小，顶芽不饱满，易受病虫危害，移植成活率偏低。而当苗木过稀时，不仅不能保证单位面积的苗木产量，而且苗木过稀，苗间空地过大，土地利用率低，易滋生杂草，增加土壤水分和养分的消耗，给管理工作带来不少的麻烦。因此，确定合理的苗木密度非常重要，合理的密度可以保证每株苗木在生长发育健壮的基础上获得单位面积（或单位长度）上最大限度的产苗量，从而获得苗木的优质高产。

要依据树种的生物学特性、生长的快性、圃地的环境条件、育苗的年限以及育苗的技术要求等确定苗木密度。此外，要考虑育苗所使用的机器、机具的规格，来确定株行距。苗木密度的大小，取决于株行距，尤其是行距的大小。播种苗床一般行距为 8～25cm，大田育苗一般为 50～80cm。行距过小不利于通风透光，也不便于管理。

（二）播种量的计算

播种量，就是单位面积上播种的数量。播种量确定的原则，就是用最少的种子，达到最大的产苗量。播种量一定要适中，偏多会造成种子浪费，出苗过密，间苗费工，增加育苗成本；播种量太少，产量低。因此要掌握好播种量，提倡科学计算播种量。

计算播种量的依据为单位面积（或单位长度）的产苗量、种子品质指标［如种子纯度（净度）、千粒重、发芽势］、种苗的损耗系数。播种量可按下列公式计算。

$$X=C\frac{AW}{1000^2PG}$$

式中　X——单位长度（或单位面积）实际所需的播种量，kg；

A——单位长度（或面积）的产苗数；

W——千粒种子的重量，g；

P——净度；

G——发芽势；

1000^2——常数；

C——损耗系数。

千粒重（W），是指种子在气干状态下，1000粒纯净种子的重量。“千粒重”说明种子的大小和饱满程度，一树种的“千粒重”越大，种粒越大，越饱满，用这样的种子育苗，苗木的抗性强，长势健壮。

净度（P），是指在一定量的种子中，正常种子的重量占总重量（包含正常种子之外的杂质）的百分比。净度是种子播种品质的重要指标之一。确定播种量首先要知道种子的净度有多大，种子净度越大，含夹杂物越少，在种子催芽中不易发生霉烂现象。种子的净度小，含杂质多，在储藏中不易保持发芽能力，使种子的寿命缩短。

发芽势（G），是指在发芽过程中日发芽种子数达到最高峰时，发芽的种子数占供测样品种子数的百分率，一般以发芽试验规定期限的最初1/3期间内的种子发芽数占供试验种子数的百分比为标准。

损耗系数（C），因树种、圃地的环境条件及育苗的技术水平而异，同一树种，在不同条件下的具体数值可能不同，各地可通过试验来确定。C值的变化范围大致如下。

① 用于大粒种子（千粒重在 700g 以上），$C=1$。

② 用于中、小粒种子（千粒重力 3～700g），$1<C<2$，如油松种子。

③ 用于小粒种子（千粒重在 3g 以下），$C=10\sim20$，如杨树种子。

五、播种前的整地

播种前的整地，是指在做床做垄前，对土壤进行平整。这个工作做得越细，对播种后幼苗出土越有利，对场圃发芽率、苗木的产量和质量影响很大。整地要求如下。

（一）细致平坦

播种地要求无土块、石块和杂草根，在地表 10cm 深度内没有较大的土块，其土块越小、土粒越细越好，以满足种子发芽后幼苗生长对土壤的要求，否则种子会落入土块缝隙中因吸收不到水分而影响发芽，同时也会因发芽后幼苗根系不能和土壤密切结合而枯死。另外，播种地要求平坦，主要是为灌溉均匀，降雨时也不会因土地高低不平、洼地积水而影响苗木生长（图 2-7）。

（二）上暄下实

播种地整好后，应上暄下实。上暄有利于幼苗出土，减少下层土壤水分的蒸发；下实可使种子与下层的湿土密切结合，保证了种子萌发时对土壤水分的要求。上暄下实给种子萌发创造了良好的土壤环境。因此，播种前松土不宜过深，土壤过于疏松时，应进行适当镇压。在春季或夏季播种，土壤表面过于干燥时，应在播前浇水或在播后进行喷水。

六、播种

播种是育苗工作的重要环节，播种工作做得好不好直接影响种

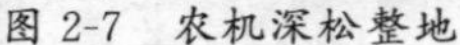

图 2-7 农机深松整地

图 2-8 机械播种

子的场圃发芽率、出苗的快慢和整齐程度，对苗木的产量和质量有直接的影响。播种分人工播种和机械播种两种，目前采用最多的是人工播种。

1. 人工播种

人工播种主要是通过人把种子播在地上。主要技术要求是画线要直，目的是使播种行通直，便于抚育和起苗，开沟深浅要一致，沟底要平，沟的深度要根据种粒的大小来确定，粗大的种子要深些，粒极小的种子可不开沟，混沙直接播种。为保证种子与播种沟湿润，要做到边开沟，边播种，边覆土，一般覆土厚度应为种子直径的 2～3 倍。要做到下种均匀，覆土厚度适宜。覆土可用原床土，也可以用细沙土混些原床土，或用草炭、细沙、粪土混合组成覆土材料。覆土后，为使种子和土壤紧密结合，要进行镇压。如果土壤太湿或过于黏重，要等表土稍干后再镇压。

2. 机械播种

机械播种，工作效率高，下种均匀，覆土厚度一致，既可节省人力，也可做到幼苗出土整齐一致，是今后园林苗圃育苗的发展趋势（图 2-8）。

七、播种苗的抚育管理

（一）出苗前播种地的管理

播种后为给种子发芽和幼苗出土创造良好的条件，对播种地要进行精心管理，以提高种子发芽率。主要措施有覆盖保墒、灌溉、松土除草。

1. 覆盖保墒

播种后为防止播种地表土干燥、板结，防止鸟害，对播种地要进行覆盖，特别是对于小粒种子、覆土厚度在1cm左右的树种更应该加以覆盖。覆盖的材料应就地取材，以经济实惠、不给播种地带来杂草种子和病虫害为前提。另外，覆盖物不宜太重，否则容易压坏幼苗。常用的覆盖材料有稻草、麦草、苔藓、锯末、腐殖土以及松树枝条等。覆盖物的厚度，要根据当地的气候条件、覆盖物的种类而定。如用草覆盖时，一般以使地面盖上一层，似见非见土为宜。播种后应及时覆盖，在种子发芽、幼苗大部分出土后，要分期、分批地将覆盖物撤掉，同时配合适当的浇水，以保证苗床中的水分。

近年来采用塑料薄膜进行床面覆盖的效果较好，不仅可以防止土壤水分蒸发，保持土壤湿润、疏松，又能增加地表温度，促进发芽。但在使用薄膜时要注意经常检查床面温度，当苗床温度达到28℃以上时，要打开薄膜的两端，使其通风降温。也可以采用薄膜上遮苇帘来降温。等到幼苗出土，揭除薄膜后将苇帘维持一段时间，再将苇帘撤掉。这样既有利于幼苗生长，也可以起到防晚霜的作用。

2. 灌溉

播种后由于气候条件的影响或因出苗时间较长，苗床仍会干燥，妨碍种子发芽，故在播种后出苗前，要适当补充水分。不同的观赏灌木，覆土厚度不同，灌水的方法和数量也不同。一般在土壤水分不足的地区，对覆土厚度不到2cm，又不加任何覆盖物的播种地，要进行灌溉。播种中、小粒种子，最好在播种前灌足底水，播种后在不影响种子发芽的情况下，尽量不灌水，以防降低土温和使土壤板结，如需灌水，应采用喷灌法，避免种子被冲走或发生淤积现象。

3. 松土除草

秋冬土壤变得坚实，对于秋冬播种的播种地在早春土壤刚化冻时，种子还未突破种皮时要进行松土，但不宜过深，这样可减少水分的蒸发，减弱幼苗出土时的机械障碍，使种子有良好的通气条件，有利于出苗。另外，当因进行灌溉而使土壤板结，妨碍幼苗出土时，也应进行松土。有些树木种子发芽迟缓，在种子发芽前滋生出许多杂草，为避免杂草与幼苗争夺水分、养分，应及时除杂草。一般除草与松土应结合进行，松土除草宜浅，以免影响种子萌发。

（二）苗期管理

苗期管理是从播种后幼苗出土，一直到冬季苗木生长结束为止，其管理包括降温、间苗、截根、灌溉、施肥、中耕、除草等工作。这些育苗技术措施的好坏，对苗的质量和产量有着直接的影响，因此必须要根据各时期苗木生长的特点，采用相应的技术措施，以便使苗木达到速生丰产的目的。

1. 降温

观赏灌木在幼苗期组织幼嫩，不能忍受地面高温，易产生日灼现象，致使苗木死亡，因此要在高温时，采取降温措施。在生产中可以通过遮阴、覆草或者地面灌溉等方式，来降低地面或地上空气湿度，达到为观赏灌木降温的目的。

2. 间苗

苗木密度过高，单位苗木所占有的各种空间及营养面积相对较小，苗木细弱，质量下降，容易发生病虫害。通过调整幼苗的疏密度，达到一个苗木生长的合理密度，使得苗木可以健康生长，就要对苗木进行间苗。间苗次数不宜太多，以 2～3 次为宜，具体的间苗时间和强度取决于苗木的生长速度，间弱留强。

3. 补苗

补苗是对缺苗断垄的补救措施。补苗时间越早越好，以减少对根系的损伤，早补不但成活率高，而且后期生长与原来苗木无显著差别。补苗工作可和间苗工作同时进行，最好选择阴天或傍晚进行，以减少日光的照射，防止萎蔫。必要时要进行遮阴，以保证成活。

4. 幼苗移植

对于幼苗生长快或者种子非常珍贵的观赏乔木，一般要先通过穴盘育苗或其他容器育苗的方法获得大量的幼苗，等长到一定程度或者规格进行移植。一般都要结合间苗进行。一般适用于生长快的观赏灌木，或一些种子很少的珍贵观赏灌木。先将这些珍贵观赏灌木的种子进行床播或室内盆播等，待长到一定程度时再进行移植。移植应掌握适当的时期，一般在幼苗长出2～3片真叶后，结合间苗进行幼苗移植。移植应选在阴天进行，移植后要及时灌水并进行适当遮阴。

5. 中耕与除草

中耕是在苗木生长期间对土壤进行的浅层耕作，可以疏松表土层，减少土壤水分的蒸发，促进土壤空气流通，有利于微生物的活动，提高土壤中有效养分的利用率，促进苗木生长。中耕和除草往往结合进行，这样可以取得双重效果。中耕在苗期宜浅并要及时，每当灌溉或降雨后，当土壤表土稍干后就可以进行，以减少土壤水分的蒸发及避免土壤发生板结和龟裂。当苗木逐渐长大后，要根据苗木根系生长情况来确定中耕深度。

6. 灌溉与排水

水是植物生长的基本源泉，灌水与排水直接影响苗木的成活、生长和发育。在抚育管理中两者同等重要，缺一不可。特别是重黏土地、地下水位高的地区、低洼地、盐碱地等，灌水和排水设备配套工程尤为重要。

土壤水分在种子萌发和苗木生长发育的全过程中都具有重要的作用，土壤中有机物的分解速度与土壤水分具有相关性；根系从土壤吸收矿质营养时，必须先溶于水；植物的蒸腾作用需要水；同时水分对根系生长的影响也很大，水分不足则苗根生长细长，水分适宜则吸收根多。因此水分是壮苗丰产的必要条件之一。

灌水要适时适量，要遵循“三看”，即看天、看地、看树苗，切忌“一刀切”的做法。

① 看天，就是要看当地的天气情况。

② 看地，就是看土壤墒情、土壤质地和地下水位高低。沙土或沙壤土保水力差，灌水次数和灌水量可适当增加；黏土地、低洼地应适当控制灌水次数；盐碱地切忌小水勤灌。决定一块地是否灌水，主要看土壤墒情，适合苗木生长的土壤湿度一般为15%～20%。

③ 看树苗，就是要根据不同树种的生物学特性、苗木的不同生长时期来确定灌水量。

灌溉方法如下。

① 侧方灌水，一般用于高床和高垄。水从侧面渗入床内或垄中。这种灌水方法不易使床面或垄面产生板结，灌水后土壤仍保持通透性能，有利于苗木出土和幼苗生长，灌水省工但耗水量大。

② 喷灌，也称人工降雨，目前在苗圃用得较多（图2-9）。它的主要优点是省水、便于控制水量、工作率高、灌溉均匀、节省劳力，不仅在地势平坦的地区可采用，在地形稍有不平的地方也可较均匀地进行喷灌。但注意在播种区要水点细小，防止将幼苗砸倒、根系冲出土面或泥土溅起，污染叶面，妨碍光合作用的进行。

③ 漫灌，也称畦灌，一般用于低床或平垄（图2-10）。水渠占地多，灌水速度慢，灌后易造成土壤板结，用水量大，浪费人力又不易控制灌水量等。

④ 滴灌，即通过管道把水滴到苗床上（图2-11、图2-12）。滴灌比喷灌的优点多，适用于苗圃作业，但因设备复杂，投资较高，在苗圃中较少使用。

图 2-9　喷灌

图 2-10　作畦灌溉

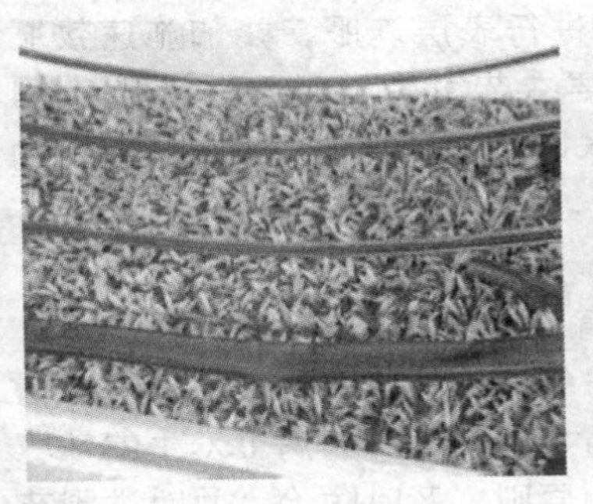

图 2-11　滴灌示意图

图 2-12　陕西杨凌室外滴灌

排水在育苗工作中与灌水有着同等的作用，不容忽视。排水主要指排除因大雨或暴雨造成的苗区积水，在地下水位偏高、盐碱严重的地区，排水工作还有降低地下水位、减轻盐碱含量或抑制盐碱上升的作用。

排水注意事项如下。

① 苗圃必须建立完整的排水系统。苗圃的每个作业区、每块地都应有排水沟，使沟沟相连，一直通到总排水沟，将积水全部排出园地。

② 对不耐湿的品种，如臭椿、合欢、刺槐等可采用高垄或高床作业，在排水不畅的地块应增加田间排水沟。

③ 雨季到来之前应整修、清理排水沟，使水流畅通，雨季应有专人负责排水工作，及时疏通圃内积水，做到雨后田间不积水。

7. 施肥

苗圃地施肥必须合理。有条件的地方可以通过土壤营养元素测定来确定施肥种类和数量。苗圃地应施足基肥。基肥可结合整地、作床时施用，以有机肥为主，也可加入部分化肥。施肥数量应按土壤肥瘠程度、肥料种类和不同的树种来确定。一般每亩施基肥5000kg左右。幼苗需肥多的树种要进行表层施肥，并加施速效肥料。为补充基肥之不足，可根据需要在苗木生长期适时追肥2～4次。追肥应使用速效肥料，一般苗木以氮肥为主，对高生长旺盛的苗木在生长后期可适当追施钾肥。

8. 病虫害防治

防治观赏灌木病虫害是苗圃多育苗、育好苗的一项重要工作，要贯彻“预防为主，综合防治”的方针，加强调查研究，搞好虫情调查和预测预报工作，创造有利于苗木生长、抑制病虫发生的环境条件。本着“治早、治小、治了”的原则，及时防治。并对进圃苗木加强植物检疫工作。

第二节 嫁接苗的培育

一、嫁接的意义和作用

嫁接繁殖就是将欲繁殖观赏灌木的枝条或芽接在另一种植物的茎或根上，使两者结合成为一体，形成一个独立新植株的繁殖方法。通过嫁接繁殖所得的苗木称为“嫁接苗”，它是一个由两部分组成的共生体。供嫁接用的枝或芽称为“接穗”，而承受接穗带根的植物部分称为“砧木”。用枝条做接穗的称为“枝接”，用芽做接穗的称为“芽接”（图2-13）。

嫁接繁殖是观赏灌木和果树培育中一种非常重要的繁殖方法。

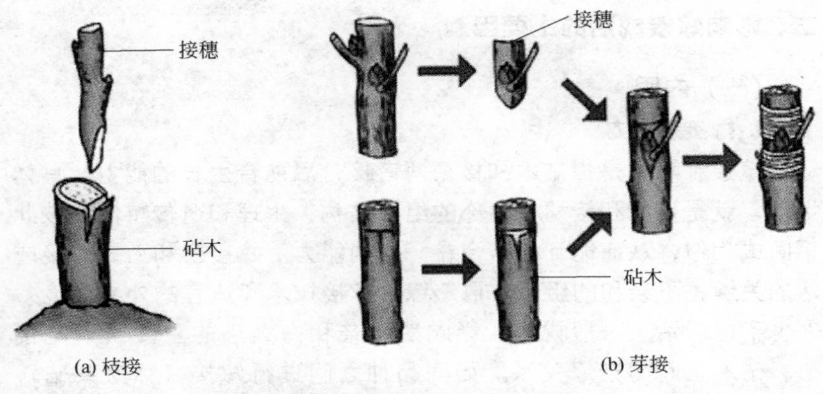

图 2-13　嫁接繁殖示意图

它除具有一般营养繁殖的优点外，还具有其他营养繁殖所无法起到的作用。例如，通过嫁接繁殖，可以增加苗木的抗性和适应性；扩大繁殖途径，增加繁殖率，可使一树多种、多头、多花，提高或改变植物的观赏价值或使用价值；还可改造树形，调节树势，救治树体创伤，提高或恢复树木的绿化、美化功能等。

但是嫁接繁殖也有一定的局限性和不足之处。例如，嫁接繁殖一般只限于亲缘关系近的植物之间，要求砧木和接穗具有极强的亲和力，因而有些植物不能用嫁接方法进行繁殖，单子叶植物出于茎构造上的原因，嫁接相对较难成活。此外，嫁接苗木寿命较短，并且嫁接繁殖在操作技术上也较繁杂，技术要求较高，通常还需要先培育砧木。

嫁接繁殖的特点如下。

① 保持植物品质的优良特性，提高观赏价值。

② 增加抗性和适应性。

③ 提早开花结实。

④ 克服不易繁殖现象。

⑤ 扩大繁殖系数。

⑥ 恢复树势、救治创伤、补充缺枝、更新品种。

⑦ 技术要求高，部分植物成活率低。

二、影响嫁接成活的主要因素

（一）内因

1. 嫁接亲和力

嫁接亲和力是指砧木和接穗两者接合后愈合生长的能力。具体地说，就是砧木和接穗在内部的组织结构、生理和遗传特性上彼此相同或相似，从而能互相结合在一起的能力。嫁接亲和力是嫁接成活的关键，不亲和的组合，再熟练的嫁接技术和适宜的外界环境条件也不能成活。一般说来，影响嫁接亲和力大小的主要因素是接穗、砧木之间的亲缘关系。如同品种之间进行嫁接（称为共砧），亲和力最强；同树种不同品种之间嫁接，亲和力稍差；同属异种则更次之；同科异属的，一般来说其亲和力更弱。但也有些树种，异属之间的嫁接成活率也是较高的，如桂花嫁接在女贞上，贴梗海棠嫁接在杜梨上，都能成活。因此，嫁接亲和力不一定完全取决于亲缘关系，也有其他遗传性状支配的情况。

2. 砧木和接穗的生长特性

砧木生长健壮，体内储藏物质丰富，形成层细胞分裂活跃，嫁接成活率就大。砧木和接穗在物候期上的差别与嫁接成活也有关系，凡砧木较接穗萌动早，能及时供应接穗水分和养分的，嫁接成活率较高；相反，如果接穗比砧木萌动早，易导致接穗失水枯萎，嫁接不易成活。此外，有时由于砧木、接穗在代谢过程中产生树脂、单宁或其他有毒物质，也会阻碍愈合。例如，山桃、山杏为砧木进行芽接时常常流出树液，而使砧、穗产生隔离；在嫁接核桃、柿子时常因有单宁而影响成活。

（二）外因

1. 温度

嫁接后砧木和接穗要在一定的温度下才能愈合。不同观赏灌木的愈合对温度要求也不一样。一般观赏灌木愈伤组织生长的最适温度在 25℃左右，不同观赏灌木愈伤组织生长的最适温度与该观赏灌木萌发、生长所需的最适温度密切相关。物候期早的如连翘、榆叶梅等愈伤组织生长最适温度相对较低，20℃左右即有利于其成活，物候期中等的如海棠等则在20～25℃时有利于愈伤组织的形成和嫁接成活，物候期稍晚的如珍珠梅等则愈合需要的温度更高，可以达到25℃以上。所以，在春季进行枝接时，各观赏灌木进行的次序，主要依此来确定。夏、秋季芽接时，温度都能满足愈伤组织的生长，先后次序不是很严格，主要是砧木、接穗停止生长时间的早晚或是产生抑制物质（单宁、树胶等）的多少来确定芽接的早晚。

2. 湿度

湿度对嫁接成活的影响很大。空气湿度接近饱和，对愈伤组织形成最为适宜。砧木因根系能吸收水分，通常能形成愈伤组织，但接穗是离体的愈伤组织，不耐干燥，湿度低于饱和点，会使细胞干燥，时间一长，引起死亡。水分饱满的细胞比萎蔫细胞更有利于愈伤组织增殖。因此，生产上用接蜡或塑料薄膜保持接穗水分，有利于组织愈合。土壤湿度、地下水的供给也很重要。嫁接时，如若土壤干旱，应先灌水增加土壤湿度，一般土壤含水量在14.0%～17.5%时最适宜。

3. 空气

在接合部内产生愈伤组织时需要氧气，因为细胞迅速分裂和生长往往伴随着较高的呼吸作用。空气中的氧气在12%以下或20%以上都会妨碍呼吸作用的进行。在生产实践中往往湿度的保持和空气的供应相互矛盾，因此，在接后保湿时，要注意土壤含水量不宜过高，或以土壤含水量的高低来调节培土的多少，保证愈伤组织生长所要求的空气和湿度条件。

4. 光线

光线对愈合组织生长起着抑制作用，黑暗的条件下，接口处愈合组织生长多且嫩、颜色白，愈合效果好；光照条件下，愈合组织生长少且硬、色深，易造成砧、穗不易愈合。因此在生产中，嫁接后创造黑暗条件，有利于愈合组织的生长，促进嫁接成活（图2-14）。

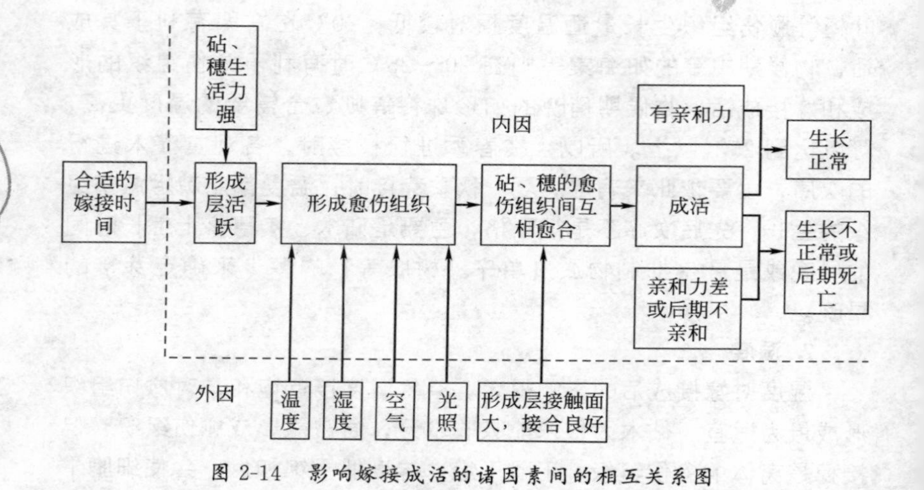

图 2-14 影响嫁接成活的诸因素间的相互关系图

（引自丁彦芬《园林苗圃学》）

5. 嫁接技术

此外，嫁接技术人员的嫁接技术对嫁接成活也有着非常重要的影响。生产上常用“紧、净、齐、快、平”来要求工作人员。

快，即砧木、接穗制作要快。

齐，即砧木和接穗的形成层要对齐。

净，即砧木和接穗形成的削面要干净，没有脏东西。

平，即砧木和接穗的削面要平整。

紧，即砧木和接穗的形成层对齐以后，要绑扎紧，以免动摇。

三、砧木和接穗的相互影响和选择

（一）砧木和接穗的相互影响

1. 砧木对接穗的影响

在进行嫁接繁殖时，所选用的砧木大多数是野生、半野生或是当地生长良好的乡土树种，具有较强而广泛的适应能力，如抗旱、抗寒、抗涝、抗盐碱、抗病虫害等。因此，一般砧木能增加嫁接苗的抗逆性。如山定子抗寒力强，可抵抗-50℃的低温，用其做苹果的砧木，可增加苹果的抗寒力，但对盐碱和水涝的抗性较差；而用海棠做苹果的砧木，则既抗涝又抗旱，对黄叶病的抵抗能力也强。

有些砧木能使嫁接苗生长旺盛，树冠高大，称为“乔化砧”，如山桃、山杏是梅花、碧桃的乔化砧。相反，有些砧木能使嫁接苗生长势变弱，树冠矮小，称“矮化砧”，如寿星桃是桃和碧桃的矮化砧。这种乔化和矮化的作用，主要与嫁接亲和力及植物的适应性有关，也常因环境的改变而起不同的作用。一般乔化砧苗木寿命长，矮化砧苗木寿命短。

2. 接穗对砧木的影响

嫁接后，砧木根系的生长是靠接穗所制造的养分，因此接穗对砧木也会有一定的影响。例如，杜梨嫁接成梨后其根系分布较浅，且易发生根蘖。

（二）砧木和接穗的选择

1. 砧木的选择和培育

选择优良的砧木，是培育嫁接苗的重要技术环节之一。

培育嫁接苗时，选择砧木主要依据下列条件。

① 与接穗具有较强的亲和力。

② 对栽培地区的环境具有较强的适应性和抗性。

③ 对接穗的生长、开花、结果等有良好的影响，如生长健壮、丰产、花艳、寿命长等。

④ 来源丰富、易于大量繁殖，一般最好选用1～2年生硬壮的实生苗。

⑤ 依园林绿化的需要，培育特殊树形的苗木，可选择特殊性状的砧木。

砧木的培育，多以播种的实生苗为好。它根系深、抗性强、寿命长和易于大量繁殖。但对于种子来源少或不易进行种子繁殖的树种也可采用扦插、分株、压条等营养繁殖苗作为砧木。

砧木的大小、粗细、年龄对嫁接成活和接后的生长有密切关系。实践证明，一般花木和果树所用的砧木，粗度以1～3cm为宜；生长快而枝条粗壮的核桃等，砧木宜粗；而小灌木及生长慢的观赏灌木如山茶、桂花等，砧木可稍细。砧木的年龄以1～2年生者为最佳，生长慢的树种也可用3年以上的苗木作砧木，甚至可用大树进行高接换头，但在嫁接方法和接后管理上应做相应的调整和加强。

2. 接穗的选择和储藏

(1) 接穗的采集　采集接穗有三个环节，即树、枝、段。树选择优良纯正、无病虫害、早果性、丰产性、品质好的母本树；枝选择树冠外围生长充实的发育枝；段选取枝条中下部的枝段。

(2) 接穗采集时间　枝接时，在秋季落叶后，采集1年生的发育枝储藏一冬，温度5℃左右，保持一定的湿度，可用窑藏法和沟藏法等，也可春季萌芽前采接穗。芽接时，采集成熟的、木质化程度高的新梢，一般不用徒长枝，采后立即剪掉叶片，减少水分蒸发，注意保留一段叶柄，嫁接时检查成活用。

(3) 接穗的储藏方法　接穗采集后，要按品种分别捆成小捆，挂上标签，写明品种，放入窖内，接穗堆放高度不应超过60cm。然后在接穗上覆盖湿沙或湿锯末，并高出接穗10cm左右。储后，随着气温的变化关闭或开启通风口或窖门。接穗储藏后，应定期检查窖内的温、湿度，防止接穗失水、霉烂和后期发芽。一般前期窖内温度应保持在0℃左右，高于这个温度应在晴天无风的中午开窗通风，保持窖内温、湿度，在储藏后期要注意降温，此期温度应维持在10℃以下。整个储藏期间要保持较高的相对湿度，一般湿度控制在90%左右。

(4) 接穗蜡封　嫁接前，把储藏的作为接穗的枝条取出，去掉上端不成熟的和下端芽体不饱满的部分，按10～15cm长、3～4芽剪成一段，第一个芽距顶端留0.5～1cm剪成平面，蜡封备用。

蜡封接穗可用双层熔蜡器，也可用一般的广口器具，如铝锅、大烧杯，先在容器中加水，再加工业石蜡，当温度升到90～95℃

时，石蜡熔化，蜡液浮在水面上，即可蘸蜡。温度控制在95℃左右，温度过高，易烫伤芽子；温度太低，接穗上的蜡层太厚，容易剥落，也浪费石蜡。蘸蜡速度要快（不超过1s），以免烫伤接穗芽子，接穗蘸完一头后，翻过来再蘸另一头，使整个接穗被蜡包住。蜡封后蜡层应无色透明，无气泡。若蜡层发白，说明太厚，温度低，应等温度升上去后再蘸。此法操作简单，速度快，每天可封1万支左右，需石蜡7.5kg。接穗蜡封后，用编织袋包装，注明品种、数量、日期，放于1～5℃阴冷处储藏待用，也可随封随用（图2-15）。

图2-15　蜡封接穗

四、嫁接时期

嫁接时期与各树种的生物学特性、物候期和选用的嫁接方法有密切关系，掌握树种的生物学特性，选用适当的嫁接方法，在适当的嫁接时期进行嫁接是保证嫁接成活率的关键。凡是生长季节都可进行嫁接、只是在不同的时期所采用的方法不同。也有在休眠期的冬季进行嫁接的，实际上是把接穗储存在砧木上，但不便管理，一般不常采用。

目前在生产实践中，枝接一般在春季3～4月，芽接一般在夏秋季的6～8月，但也有在春季用带木质部芽接或夏季用嫩枝嫁接的，都能成活。冬季可以进行室内嫁接，所以说嫁接一年四季都能进行。适宜嫁接的时间见表 2-1。

表 2-1　不同嫁接方法适宜的嫁接时期

嫁接方法	适宜时期
芽接	6 月下旬～8 月上旬，砧木、接穗均离皮
带木质部芽接	3 月下旬～4 月上、中旬，砧木、接穗不离皮
枝接	3 月下旬～4 月上、中旬，砧木、接穗不离皮
插皮接插皮舌接	4 月下旬～5 月中旬，砧木、接穗均离皮

五、嫁接前的准备

选好适宜的砧木和采集好接穗后，主要进行嫁接工具、包扎和覆盖材料的准备工作。

1. 嫁接工具

嫁接工具主要有刀、剪、凿、锯、撬子、手锤等（图 2-16～图 2-18）。正确地使用这些工具，不但可提高工作效率，而且能使切面平滑、密接，有利于愈合，从而提高嫁接成活率。

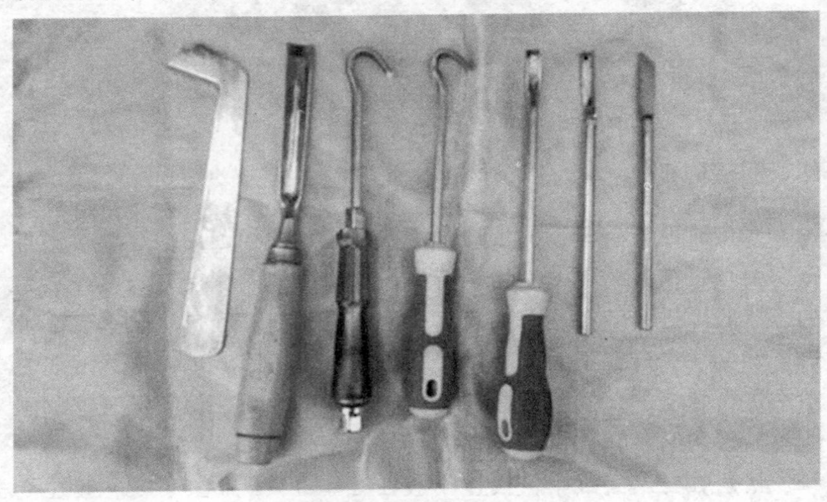

图 2-16　嫁接工具（一）

图 2-17　嫁接工具（二）

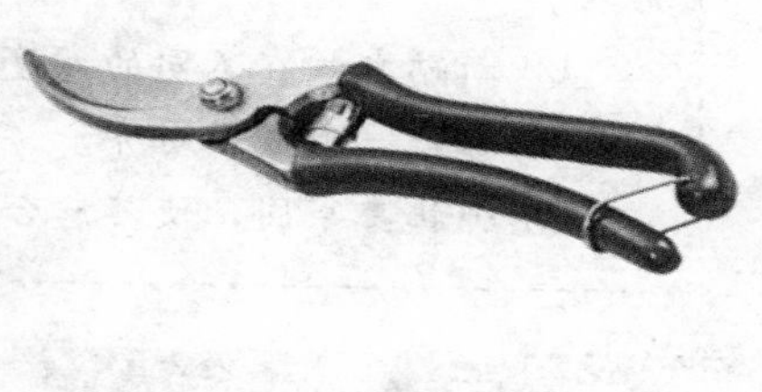

图 2-18　枝剪

嫁接刀有切接刀、劈接刀、芽接刀、根接刀和单面刀片等。另外，据不同的嫁接材料可自制刀具，如用于柿子方块芽接的自制刀具，可用钟表发条或锯条制作；在多头高接时，可用锯、凿子、撬子等进行劈接。

2. 涂抹和包绑材料

涂抹材料通常为接蜡，用来涂抹接合部和接穗剪口，以减少砧穗的水分丧失，促使愈伤组织产生，防止雨水、微生物侵入和伤口腐烂，从而提高嫁接成活率。目前，随着塑料薄膜包扎应用的推广，除难以用薄膜包扎而采用接蜡外，其他已较少采用(图 2-19)。

包绑材料使接穗与砧木密接，保持接口湿度，防止接位移动。嫁接中现多用塑料薄膜条，因其具弹性、韧性，并能保湿。如湿度低，可在已绑好的接口上再用小塑料袋套住并绑一次，以便保湿。

六、嫁接的方法

嫁接方法很多，多数情况下根据所用接穗的木质化程度等分为枝接和芽接。

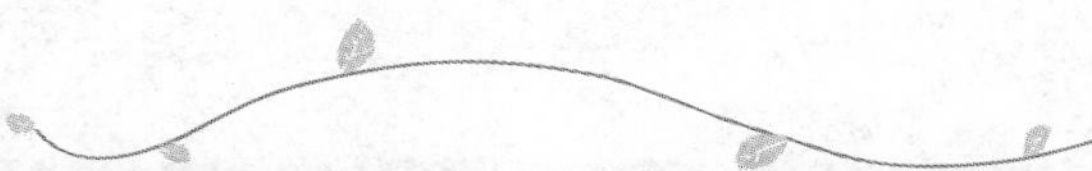

嫁接一般分四步。

① 削接穗：不同嫁接方法其接穗具有不同的要求和形状。

② 断砧木：在不同的高度和位置处理砧木。

③ 嫁接：形成层对齐。

④ 绑扎：牢固，使其愈合生长。

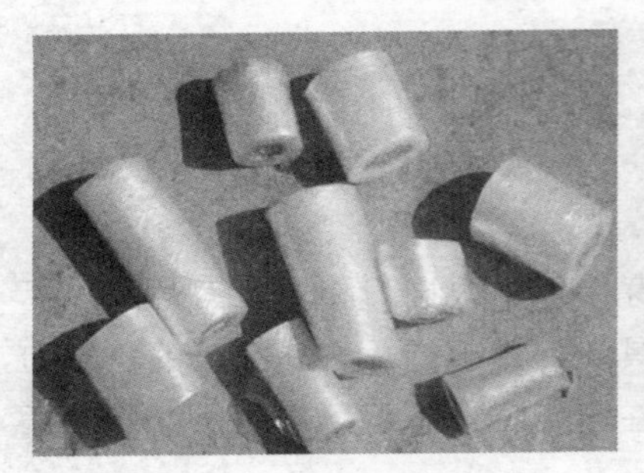

图 2-19　捆扎薄膜

图 2-20　切接法

（一）枝接

凡是以带芽的枝条为接穗的嫁接方法统称为枝接。其优点是嫁接苗生长较快，在嫁接时间上不受树木离皮与否的限制，春季可及早进行，嫁接苗当年萌发，秋季可出圃。但不如芽接节省接穗，嫁接技术也较复杂。常用的枝接方法主要有以下几种。

1. 切接法

切接法是枝接中最常用的方法，适用于大多数观赏灌木。砧木宜选用切口直径1～2cm的幼苗，在距地面一定高度处断砧，削平切面后，在砧木一侧垂直下刀（略带木质部，在横断面上为直径的1/5～1/4），深达2～3cm；砧木切好后，再剪取接穗，以保留2～3个芽为原则，长度10～15cm。把接穗正面削一长约3cm的斜切面，在长削面背面再削一短切面，长1cm，接穗上端的第一个芽应在小切面的一边。将削好的接穗插入砧木切口处，使形成层对准，砧、穗的削面紧密结合，再用塑料条等捆扎物捆好，必要时可在接口处涂上接蜡或泥土，以减少水分蒸发，一般接后都采用埋土办法来保持湿度（图 2-20）。

2. 劈接法

劈接法又称割接法，接法与切接法略同，适用于大部分观赏灌木，尤其是落叶灌木。要求选用砧木的粗度为接穗粗度的 2～5 倍。砧木自地面一定高度处截断后，在其横切面上的中央垂直下切，劈开砧木，切口长达 2～3cm；接穗下端则两侧切削，呈一楔形，切口长 2～3cm，将接穗插于砧木中，靠在一侧，使形成层对准，砧木粗时可同时插入多个接穗，用绑扎物捆紧。由于切口较大，要注意埋土，防止水分蒸发影响成活（图 2-21）。

3. 插皮接

插皮接是枝接中最易掌握、成活率最高、应用也较广泛的一种方法。但要在砧木容易离皮的情况下才能进行，适用于干径较粗的砧木，砧木太细不可用插皮接。在观赏乔木生产上用此法高接和低接的都有。一般在距地面 5～8cm 处断砧，削平断面，选平滑顺直处，将砧木皮层垂直切一小口，长度比接穗切面略短。接穗下端削成长 3～5cm 的斜面，厚 0.3～0.5cm，背面末端削一 0.5～0.8cm 的小斜面，削好后的接穗上应保留 2～3 个芽。嫁接时，将削好的接穗在砧木切口处沿木质部与韧皮部中间插入，长削面朝向木质部，并使接穗背面对准砧木切口正中，削面上部也要“留白”0.3～0.4cm。如果砧木较粗或皮层韧性较好，砧木也可不切口，直接将削好的接穗插入皮层即可，最后用塑料薄膜条绑缚（图 2-22）。

（二）芽接

凡是用芽做接穗的嫁接方法，称为芽接。芽接法的优点是节省接穗，砧木用 1 年生苗即能嫁接，接合牢固，愈合容易，成活率高，且操作简单；可嫁接的时间长，末成活的可补接，便于大量繁殖苗木。依据取芽的形状和接合方式的不同，可分为如下几种。

1. “T”字形芽接

“T”字形芽接又叫“盾状芽接”，是最常用的嫁接方法，适用

图 2-21　桂花劈接

图 2-22　天竺桂插皮接

于各种观赏灌木。芽接时，采取当年生新鲜枝条为接穗，除去叶片，留有叶柄。按顺序自接穗上切取盾形芽片。削芽片时先从芽上方 0.5cm 左右横切一刀，刀口长 0.8～1cm，深达木质部。再从芽片下方 1cm 左右连同木质部向上切削到横切口处取下芽。取芽一般不带木质部。然后于砧木距地面 5～8cm 的光滑部位横切一刀，长约 1cm，深度以切断皮层为准，再从横切口中间向下垂直切一刀，使切口呈"T"字形。用芽接刀后部撬开切口皮层，手持芽片的叶柄把芽片插入切口皮层内，使芽片上边与"丁"字形的切口横边对齐，最后用塑料薄膜条将切口自下而上绑扎好（图 2-23)。

图 2-23　"T"字形芽接是目前月季生产最流行的方式

2. 方块芽接

此法与“T”字形芽接相比较操作复杂，一般树种多不选用。但这种方块形芽片因为与砧木的接触面大，有利成活，因此适用于嫁接较难成活的观赏灌木。

方块芽接时，在接穗上切削深达木质部的长方形芽片，一般长1.8～2.5cm，宽1～1.2cm，先不取下来，在砧木上按接芽上下口的距离，横切相应长短的皮层，并在右边竖切一刀，掀开皮层，然后再把接芽取下，放进砧木切口，使右边切口互相对齐，在接芽左边把砧木皮层切去一半，留下的砧木皮仍包住接芽，最后加以绑缚（图 2-24、图 2-25）。

图 2-24　核桃方块芽接（一）

图 2-25　核桃的方块芽接（二）

3. 嵌芽接

嵌芽接也叫带木质部芽接，当不便于切取芽片时常采用此法，适合春季进行嫁接。可比枝接节省接穗，成活良好，适用于大面积育苗。接穗上的芽，自上而下切取，在芽的上部往下平削一刀，在芽的下部横向斜切一刀，即可取下芽片，一般芽片长 2～3cm，宽度不等，依接穗粗细而定。砧木的切削是在选好的部位由上向下平行切下，但不要全切掉，下部留有 0.5cm 左右，将芽片插入后把这部分贴到芽片上捆好。在取芽片和切砧木时，尽量使两个切口大小相近，形成层上下、左右部分都能对齐，才有利于成活（图 2-26）。

4. 环状芽接

环状芽接又称套芽接，于春季树液流动后进行。适用于皮部易于脱离的树种。砧木先剪去上部，在剪口下 3cm 左右处环切一刀，拧去此段树皮。在同样粗细的接穗上取下等长的管状芽片，套在砧木的去皮部分，勿使皮破裂，不用捆绑也可。此法由于砧、穗接触面大，形成层易愈合，可用于嫁接较难成活的树种。

图 2-26 嵌芽接

图 2-27 核桃嫁接成活

七、嫁接苗的管理

（一）检查成活率及松除捆扎物

枝接一般在接后 3～4 周可进行成活率的检查，接活后接穗上的芽新鲜、饱满，甚至已经萌动，接口处产生愈伤组织（图2-27）；未成活则接穗干枯或变黑腐烂（图 2-28)。对未成活的可待砧木萌生新枝后，于夏秋采用芽接法进行补接。在进行成活率检查时，可将绑扎物解除或放松，接后进行埋土的，扒开检查后仍需以松土略加覆盖，防止因突然暴晒或吹干而死亡。待接穗萌发生长，自行长出土面时，结合中耕除草，平掉覆土。

（二）剪砧和除萌

芽接成活后，必须进行剪砧，以促进接穗的生长。一般观赏树种大多剪砧 1 次即可，而对于经过腹接或成活比较困难的观赏灌木，不可急于剪砧，也可以经过 2 次剪砧，即先剪去一小部分，以

图 2-28　嫁接失败

图 2-29　剪砧

帮助吸收水分和制造养分，用砧木的养分来辅养接穗（图 2-29）。

嫁接成活后，往往在砧木上还会萌发不少萌蘖，与接穗同时生长，这对接穗的生长很不利。对这些砧木上产生的萌发，均需及时去除（图 2-30）。

图 2-30　嫁接除萌

（三）立柱扶持

接穗在生长初期很娇嫩，如果遭到损伤，常常前功尽弃，故需及时立支柱将接穗轻轻缚扎住，进行扶持。这项工作较费人工和材料，但必须进行。特别是皮下接，接口不牢固，要给予足够重视。在大面积嫁接时可采用降低接口部位（距地面5cm左右），在接口部位培土的方法解决。另外，在嫁接时可选择在主风向的一面枝条上进行嫁接，对于防止接穗被风吹折有一定的效果。

（四）其他管理

水、肥及病虫害防治等管理措施与一般育苗相同。

第三节 扦插苗的培育

扦插繁殖是利用离体的植物营养器官，如根、茎、叶、芽等的一部分，在一定条件下，插入土、沙或其他基质中，经过人工培育使之发育成完整新植株的繁殖方法。通过扦插繁殖所得的苗木称为扦插苗。扦插繁殖简便易行，材源较充足，成苗迅速，较短的时间内可以形成大量的规格整齐一致的苗木，并可保持木本的优良性状。因此，扦插繁殖方法逐渐成为观赏灌木甚至是园林树木，特别是不结实或结实稀少的名贵园林植物的主要繁殖手段。目前，在观赏灌木甚至是园林植物生产上被广泛使用，并结合实践经验，采用了许多的先进技术，如植物生长调节剂、全光照嫩枝喷雾育苗技术等的应用。

扦插繁殖的优缺点如下。

优点：

① 能够保持木本的优良性状。

② 成苗快，开花早。

③ 繁殖材料充足，产苗量大。

④ 繁殖容易，尤其是针对那些不易产生种子的观赏灌木。

缺点：

① 寿命短于实生苗、分株苗、嫁接苗。

② 根系较弱、浅。

③ 木本植物容易出现偏冠现象，影响后期树形。

一、扦插生根类型

利用植物的茎、叶等器官进行扦插繁殖，首要任务就是让其生根。由于大多数木本植物的茎、叶等器官不具备根原始体（根原基），发根的位置不固定，故从这些茎、叶产生的根称“不定根”。插穗不定根形成的部位因植物种类而异，通常可分为3种类型，一是皮部生根型（图2-31）；二是愈伤组织生根型（图2-32）；三是混合生根型。

（1）皮部生根型　这是一种极易生根的类型。正常情况下，在木本植物枝条的形成层部位，能够形成许多特殊的薄壁细胞群，称为根原始体或根原基（图2-33）。这些根原始体就是产生大量不定根的物质基础。根原始体多位于髓射线的最宽处与形成层的交叉点上，是由于形成层细脑分裂而形成的。由于细胞分裂，向外分化成钝圆锥形的根原始体，侵入韧皮部通向皮孔，在根原始体向外发育的过程中，与其相连的髓射线也逐渐增粗，穿过木质部通向髓部，从髓细胞中取得营养物质。

（2）愈伤组织生根型　任何植物局部受伤后，均有恢复生机、保护伤口、形成愈伤组织的能力。植物体的一切组织，只要是活的薄壁细胞都能产生愈伤组织，但形成层、髓射线的活细胞为形成愈伤组织的主要部位。在插条切口处由于形成层细胞和形成层附近的细胞分裂能力最强，因此在下切口的表面形成半透明的、具有明显细胞核的薄壁细胞群，即为初生的愈伤组织。它一方面保护插条切口免受外界不良环境的影响，另一方面还有继续分生的能力。

（3）混合生根型　需要指出的是，皮部生根植物并不意味着愈伤组织不生根，而是以前者为主；反之，亦然，即在皮部生根类型与愈伤组织生根类型之间还有两者混合生根类型。

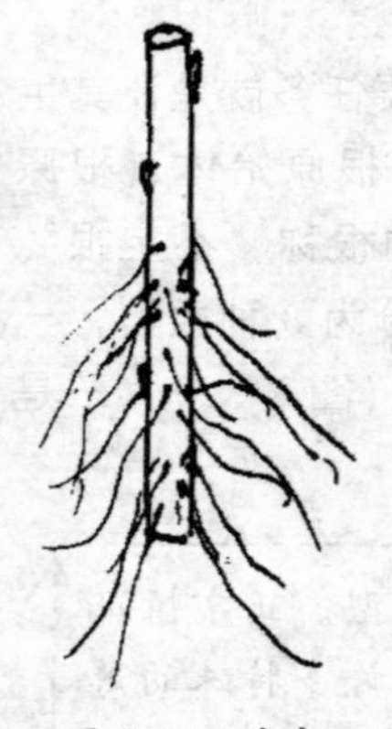

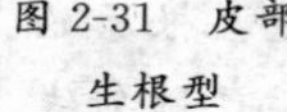

图 2-31　皮部生根型

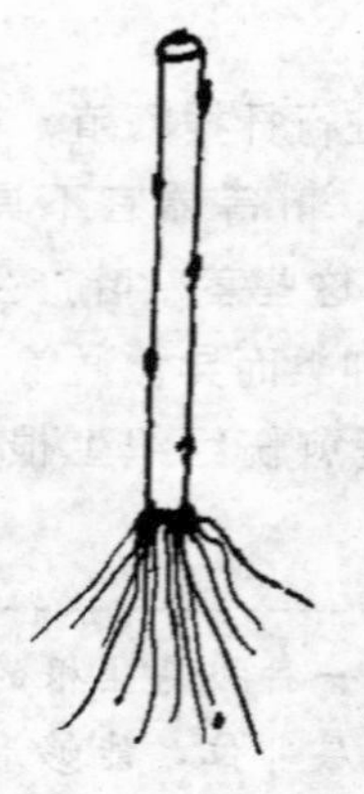

图 2-32　愈伤组织生根型

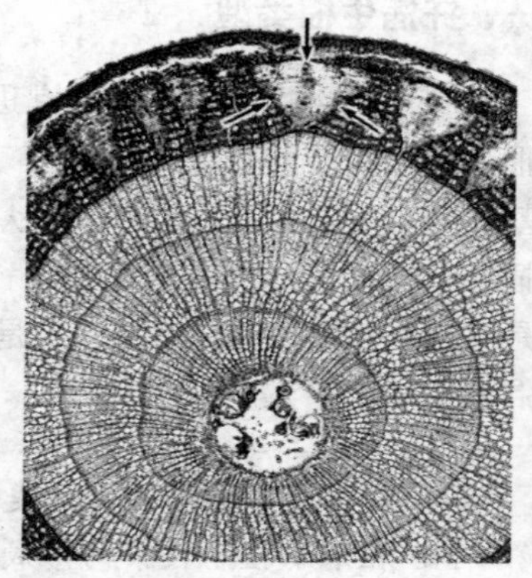

图 2-33　箭头所指为不定根产生位置

二、扦插成活的影响因子

不同观赏灌木，其生物学特性不同，扦插成活的情况也不同，有难有易。即使是同一植物，不同品种其扦插生根的情况也有差异。这与观赏灌木本身的生物学特性有关外，也与插条的选取以及温度、湿度、土壤等环境条件有关。

（一）影响观赏灌木插条生根的内在因子

1. 观赏灌木的生物学特性

不同观赏灌木由于其遗传特性的差异，其形态构造、组织结构、生长发育规律和对外界环境的同化及适应能力等都可能有差别。因此，在扦插过程中生根难易程度不同，有的扦插后很容易生根，有的稍难，有的干脆不生根。现将收集到的部分扦插繁殖观赏灌木，按生根难易程度归纳为四大类。

(1) 极易生根的观赏灌木　紫穗槐、柽柳、连翘、月季(图 2-34)、栀子花、常春藤、木模、小叶黄杨、南天竹、葡萄、无花果等。

(2) 较易生根的观赏灌木　山茶、野蔷薇、夹竹桃、杜鹃、猕猴桃、石榴等。

(3) 较难生根的观赏灌木　木兰、海棠、米兰等。

(4) 极难生根的观赏灌木　大部分的松科（图 2-35）、杨梅科植物等。

图 2-34　月季扦插生根

图 2-35　思茅松扦插生根

2. 母树及枝条的生理年龄

采穗母株及其上不同枝条的生理年龄对于插穗的扦插成活有影响。通常随着观赏灌木生理年龄越老，其生活力越低，再生能力越差，生根能力越差。同时，生理年龄过大，则插穗体内抑制生长物质增多，也会影响扦插的成活率。所以插穗多从幼龄母株上采取，一般选用 1～3 年生实生苗上的枝条作插穗较好。如油橄榄 1 年生树的枝条作插穗，生根率可达 100%；枣树用根蘖苗枝条比成龄大树枝条作插穗，成活率大大提高。

而插穗多采用 1～2 年或当年生枝条，绿枝扦插用当年生枝条再生能力最强，这是因为嫩枝内源生长素含量高，细胞分生能力旺盛，有利于不定根的形成。因此，采用半木质化的嫩枝作接穗，在现代间歇喷雾的条件下，使大批难生根的树种扦插成活。

为了获得来自幼龄母株上的插穗，生产上可用以下方法。

（1）绿篱化采穗　即将准备采条的母树进行强剪，不使其向上生长，而萌发许多新生枝条。

（2）连续扦插繁殖　连续扦插2～3次，新枝生根能力急剧增加，生根率可提高40%～50%。

（3）用幼龄砧木连续嫁接繁殖　即把采自老龄母树上的接穗嫁接到幼龄砧木上，反复连续嫁接2～3次，使其“返老还童”，再采其枝条或针叶束进行扦插。

（4）用基部萌芽条作插穗　即将老龄树干锯断，使幼年（童）区产生新的萌芽枝用于扦插。

3. 枝条部位和发育状况

插穗在枝条上的部位与扦插成活有关。试验证明，硬枝扦插时，同一质量枝条上剪取的插穗，从基部到梢部，生根能力逐渐降低。采取母株树冠外围的枝条作插穗，容易生根。植株主轴上的枝条生长健壮，储藏的有机营养多，扦插时容易生根。绿枝扦插时，要求插穗半木质化，因此，夏季扦插时，枝条成熟性较差，枝条基部和中部达到半木质化，作插穗成活率较高；秋季扦插时，枝条成熟较好，枝条上部达到半木质化，作插穗成活率较高；而基部此时木质化程度高，作插穗成活率反而降低。

当发育阶段和枝龄相同时，插穗的发育状况和成活率关系很大。插穗发育充实，养分储存丰富，能供应扦插后生根及初期生长所需的主要营养物质，特别是碳水化合物含量的多少与扦插成活有密切关系。为了保持插穗含有较高的碳水化合物和适量的氮素营养，生产上常通过对植物施用适量氮肥，以及使植物生长在充足的阳光下而获得良好的营养状态。在采取插穗时，应选取朝阳面的外围枝和针叶树主轴上的枝条。对难生根的树种进行环剥或绞缢，都能使枝条处理部位以上积累较多的碳水化合物和生长素，有利于扦插生根。一般木本植物的休眠枝组织充实，扦插成活率高。因此，大多数木本植物多在秋末冬初、营养状况好的情况下采条，经储藏后翌春再扦插。

4. 插穗的粗细与长短

插穗的粗细与长短对于成活率、苗木生长有一定的影响。大多数树种长插条根原基数量多，储藏的营养多，有利于插条生根。一般落叶树硬枝插穗长10～25cm，常绿树种长10～35cm。粗插穗所含的营养物质多，对生根有利。插穗的适宜粗细因树种而异，多数针叶树种直径为0.3～1cm，阔叶树种直径为0.5～2cm。生产实践中，应根据需要和可能，采用适当长度和粗细的插穗，合理利用枝条，应掌握"粗枝短截，细枝长留"的原则。

5. 插穗的叶和芽

插穗上的芽是形成茎、干的基础。芽和叶能供给插穗生根所必需的营养物质和生长激素、维生素等，对生根有利。对嫩枝扦插及针叶树种、常绿树种的扦插更重要。插穗一般留叶2～4片，若有喷雾装置定时保湿，可留较多的叶片，以便加速生根（图2-36、图2-37)。

图2-36　月季带叶扦插

图2-37　葡萄硬枝扦插

（二）影响观赏灌木插条生根的外在因子

1. 温度

温度对插穗生根的影响表现在气温和地温两个方面，插穗生根要求的地温因观赏灌木种类而异。落叶类观赏灌木能在较低的地温下（10℃左右）生根，而常绿观赏灌木的插条生根则要求较高的地温（23～25℃），大多数树种的最适生根地温是15～25℃。气温主要是满足芽的活动和叶的光合作用，叶、芽的生理活动虽有利于营养物质的积累和促进生根，但气温升高，使叶部蒸腾加速，往往引起插穗失水枯萎，所以在插穗生根期间最好能创造地温略高于气温的环境（图 2-38、图 2-39）。一般在夏季嫩枝扦插时，地温能得到保证，春季硬枝扦插时地温较低，可在扦插基质下铺 20～50cm 厚的马粪以增加插壤温度，促进插穗生根。在温室或塑料大棚中，可在插床内铺设电热丝，以控制适宜的地温。

图 2-38　利用温床扦插提高低温

图 2-39　利用温床进行扦插

2. 湿度

在插穗不定根的形成过程中，空气的湿度、基质的湿度以及枝条本身的含水量是扦插成败的关键，尤其是嫩枝扦插，湿度更为重要。

（1）空气的相对湿度　在插条生根的过程中，保持较高的空气湿度是扦插生根的重要条件，尤其是对一些难生根的植物，湿度更为重要。

（2）基质湿度　扦插时除了要求一定的空气湿度外，基质湿度同样也是影响插穗成活的一个重要因素。一般基质湿度保持干土重量的 20%～25%即可。

（3）插穗自身的含水量　插穗内的水分含量直接影响扦插成活。因为水分使插穗保持自身活力，可使插条易于生根，而且还能加强叶组织的光合作用。插穗的光合作用愈强，则不定根形成得愈快。当插穗含水量减少时，叶组织内的光合强度就会显著降低，因而直接影响不定根的形成。

因此，在进行扦插繁殖时，一定要注意保持插穗自身水分、适宜基质湿度和空气相对湿度，最大限度地保持插条活力，以达到促进生根的目的。

全光照嫩枝喷雾扦插育苗技术简介如下。

全光照喷雾嫩枝扦插是近代发展最为迅速的先进育苗技术，它与传统的硬枝扦插繁殖相比，具有扦插生根容易、成苗率高、育苗周期短和穗条来源丰富等优点；它与先进的组培技术相结合，彼此相互补充，可大规模生产，使育苗成本大幅度下降。

采用全光照喷雾嫩枝扦插育苗技术及其设备，不仅为植物插穗生根提供最适宜的生根场地和环境，而且成功地利用植物插穗自身的生理功能和遗传特性，经过内源生长素等物质的合成和生理作用，以内源物质效应来促进不定根的形成，使一大批过去扦插难生根的植物进入容易生根的行列，并有效地应用到生产上，这是无性繁殖技术的一大发展和进步（图 2-40）。

图 2-40 全光照嫩枝喷雾扦插技术

3. 光照

光照对嫩枝扦插很重要。适宜的光照能使其保证一定的光合强度，提高插条生根所需要的碳水化合物，同时可以补充利用枝条本身合成的内源生长素，使之缩短生根时间，提高生根率。但光照太强，会增大插穗及叶片的蒸腾强度，加速水分的损失，引起插穗水分失调而枯萎（图 2-41、图 2-42）。因此，最好采用全光喷雾的方法，既能调节空气相对湿度，又能保证光照，利于生根。

图 2-41　红叶石楠露地扦插

图 2-42　红豆杉荫棚扦插

4. 扦插基质

插穗的生根成活与扦插基质水分、通气条件关系十分密切。插条从母树切离之后，由于吸水能力降低，蒸腾作用仍在旺盛进行，水分供需矛盾相当突出。扦插后未生根的插穗和生长在土壤中的有根植株不同，仅能从切口或表皮在很局限的范围内利用水分。因此，扦插后水分的及时补充十分重要，要求基质保持湿润。同时，插穗生根一般都落后于地上部分的萌发，未生根插穗如过量蒸腾，就会失水萎蔫致死，这种现象称为假活。假活时间的长短因观赏灌木种类而异。

插穗在生根期间，要求基质有较好的通气性，以保证氧气供给和二氧化碳排出。因此，要避免因过量灌溉造成基质过湿及通气不良而使插穗腐烂死亡。一般扦插苗圃地宜选择结构疏松且排水、通气良好的沙土，如有条件，可采用通透性好且持水排水的蛭石、珍珠岩等人工基质，扦插效果则更好（图 2-43、图 2-44）。

三、促进扦插生根的方法

（一）机械处理

在植物生长季节，将枝条环剥、刻伤或用铁丝、麻绳、尼龙绳

图 2-43　珍珠岩作基质扦插红豆杉

图 2-44　普通土壤作基质扦插映山红

等捆扎，阻止枝条上部的碳水化合物和生长素向下运输，使其储存养分。到生长后期再将枝条剪下进行扦插，能显著促进生根(图 2-45)。

图 2-45　月季插穗环剥处理

（二）黄化处理

即在生长季前用黑色的塑料袋将要作插穗的枝条罩住，使其在黑暗的条件下生长，待其枝叶长到一定程度后，剪下进行扦插。黄化处理对一些难生根的树种，效果很好。由于枝叶在黑暗的条件下，受到无光的刺激，激发了激素的活性，代谢活动加速，并使组织幼嫩，因而为生根创造了有利的条件。黄化处理观赏灌木枝条，一般需要 20 天左右，效果较好。

（三）加温处理

春天由于气温高于地温，在露地扦插时，易形成先抽芽展叶后生根的效果，以致降低扦插成活率。如果采取措施，人工创造一个地温高于气温的条件，就可以改变上述局面，使插条先生根后抽芽展叶。因此，可采用电热温床法（在插床内铺设电热线）或火炕加温法（图 2-46、图 2-47），使插床基质温度达到 20～25℃，并保持适当的湿度，以提高扦插成活率。

图 2-46　通过加热系统给苗床加温

图 2-47　通过电热线温床加温

（四）洗脱处理

洗脱处理对除去插穗中的抑制物质效果很好，它不仅能降低枝条内抑制物质的含量，同时还能增加枝条内的水分含量。

常见洗脱方法有以下几种。

(1) 温水洗脱处理 将插条放入温水（一般为 30～35℃）中浸泡数小时或更长时间，具体时间因树种不同而异。温水洗脱处理对含单宁高的植物较好（图 2-48）。

图 2-48 泡桐硬枝水浸处理

(2) 流水洗脱处理 将插条放入流动的水中，浸泡数小时，具体时间也因观赏灌木种类不同而异，多数在 24h 以内，也有的可达 72h，甚至有的更长。

(3) 酒精洗脱处理 用酒精处理也可有效除去插穗中的抑制物质，大大提高生根率。一般使用浓度为 1%～3%，或者用 1%酒精和 1%乙醚混合液，浸泡 6h 左右。

(五) 生长素及生根促进剂处理

1. 生长素处理

插穗生根的难易程度与生长素含量的多少相关。适当增加生长素含量，可加强淀粉和脂肪的水解，提高过氧化氢酶的话性，增强新陈代谢作用，提高水分吸收能力，促进可溶性化合物向枝条下部运输和积累，从而促进插穗生根。但浓度过大时，生长素的刺激作用将转变为抑制作用，使插穗内的生理过程遭受破坏，甚至引起中毒死亡。因此，在应用生长激素时，要因树制宜，严格控制浓度和处理时间。

在扦插育苗中，刺激生根效果显著的生长素有萘乙酸、吲哚乙酸、吲哚丁酸、2,4-D等。处理方法是用溶液浸泡插穗下端，或用湿的插穗下端蘸粉立即扦插。最适浓度因生长素种类、浸泡时间、母树年龄和木质化程度等不同而有差别。以萘乙酸为例，对大多数树种的适宜浓度一般为0.005%～0.01%，将插穗基部2cm浸泡于溶液中16～24h。大量处理插穗时也可采用高浓度溶液（如0.03%～0.05%）快浸的方法，只要把插穗下端2cm浸入浓溶液中2～5s，取出后即可扦插。浸过的溶液还可利用1次，但再次利用时，应适当延长处理时间。

2. 生根促进剂处理

对于难生根的植物，单一的生长素是很难起到促根作用的。随着对扦插繁殖研究的不断深入，很多综合性的生根促进剂应运而生。ABT生根粉即是中国林科院王涛院士于20世纪80年代初研制成功的一种广谱高效生根促进剂。示踪原子测定及液相色谱分析表明，用ABT生根粉处理插穗，能参与插穗不定根形成的整个生理过程，具有补充外源激素与促进植物内源激素合成的双重功效(图2-49)。

（1）ABT生根粉的特点

① 促进爆发性生根，一个根原基上能形成多个根尖。

② 愈合生根快，缩短了生根时间。

③ 提高了扦插生根率。

（2）ABT生根粉的使用方法　ABT生根粉处理插穗时通常配成一定浓度的溶液浸泡插穗下切口。多数观赏灌木的适宜浓度为0.005%、0.01%、0.02%。每克生根粉能浸插穗3000～6000个。浸泡插穗的时间，嫩枝为0.5～1h，1年生休眠枝为1～2h，多年生休眠枝为4～6h。浸泡插穗深度距下切口2～3cm。

图 2-49　处理插穗的 ABT 生根粉

（六）化学药剂处理

醋酸、磷酸、高锰酸钾、硫酸锰、硫酸镁等化学药剂的溶液在一定程度上都可以促进插穗生根或者成活。生产中用0.1%的醋酸水溶液浸泡卫矛、丁香等插条，能显著促进生根。用0.05%～0.1%高锰酸钾溶液浸插穗 12h，除能促进生根外，还能抑制细菌发育，起到消毒作用。

（七）营养处理

用维生素、糖类及其他氮素处理插条，也是促进生根的措施之一。用 5%～10%蔗糖溶液处理雪松、龙柏、水杉等树种的插穗 12～24h，促进生根的效果很显著，若糖类与植物生长素并用，则促生根效果更佳，嫩枝扦插时在叶片上喷洒尿素。

四、扦插时期与方法

（一）扦插时间

1. 春季扦插

春季扦插适宜大多数植物。利用前 1 年生休眠枝或经冬季低温储藏后扦插，又称硬枝扦插，其枝条内的生根抑制物质已经转化，营养物质丰富。春季扦插宜早，要创造条件先打破枝条下部的休眠，保持上部休眠，待不定根形成后芽再萌发生长。扦插育苗的技术关键是采取措施提高地温。生产上采用的方法有大田露地扦插和塑料小棚保护地扦插。

2. 夏季扦插

夏季扦插是选用半木质化处于生长期的新梢带叶扦插。嫩枝的再生能力较已全木质化的枝条强，且嫩枝体内薄壁细胞组织多，转变为分生组织的能力强，可溶性糖、氨基酸含量高，酶活性强，幼叶和新芽或顶端生长点生长素含量高，有利于生根，这个时期的插穗要随采随插。这时主要进行嫩枝扦插、叶插。要注意插穗的空气湿度，通常可以通过遮阴和遮光来解决。

3. 秋季扦插

秋季扦插时插穗采用的是已停止生长的当年生木质化枝条。扦插要在休眠期前进行，此时枝条的营养液还未回流，碳水化合物含量高，芽体饱满，易形成愈伤组织和发生不定根。秋插是利用发育充实、营养物质丰富、生长已停止但未进入休眠期的枝条进行扦插。枝条内抑制物质含量未达到最高峰，可促进愈伤组织提早形成，有利于生根。秋插宜早，以利物质转化完全，安全越冬。扦插育苗的技术关键是采取措施提高地温。常用塑料小棚保护地扦插育苗，北方还可采用阳畦扦插育苗。

4. 冬季扦插

冬季扦插是利用打破休眠的休眠枝进行温床扦插。北方应在塑料棚或温室内进行，在基质内铺上电热线，以提高扦插基质温度。南方则可直接在苗圃地扦插。

（二）扦插的技术与方法

根据枝条木质化程度的不同，将扦插育苗分为硬枝扦插和嫩枝扦插两种。

1. 硬枝扦插

（1）插穗的采集与制作　因采集插穗的母株年龄不同，插穗的成活率存在差异。生理年龄越小的母株，插穗成活率越高。因此，应该选择树龄较年轻的幼龄母树，采集母株树冠外围的1～2年生枝、当年生枝或1年生萌芽条，要求枝条发育健壮、芽体饱满、生长旺盛、无病虫害等。

常用的插穗剪取方法是，在枝条上选择中段的壮实部分，剪取长10～20cm的枝条，每根插穗上保留2～3个充实的芽，芽间距离不宜太长。插穗的切口要光滑，上端切口在芽上0.5～1cm处，一般呈斜面，斜面的方向是长芽的一方高，背芽的一方低，以免扦插后切面积水，较细的插穗剪成平面也可。下端切口在靠近芽的下方。下切口有平切、斜切和双面切，双面切又有对等双面切、高低双面切和直斜双面切。一般平切养分分布均匀，根系呈环状均匀分布；斜切根多生于斜口一端，易形成偏根，但能扩大与插壤的接触面积，利于吸收水分和养分；双面切与插壤的接触面积更大，在生根较难的植物上应用较多（图2-50、图2-51）。

图2-50　插穗的制作

（2）扦插方法　扦插时直插、斜插均可，但倾斜不能过大，扦插深度为插穗长度的1/2～2/3。干旱地区、沙质土壤可适当深些。注意不要碰伤芽眼，插入土壤时不要左右晃动，并用手将周围土壤压实（图2-52）。

由于植物特性及应用条件不同，各地还创造了许多硬枝扦插的方法。

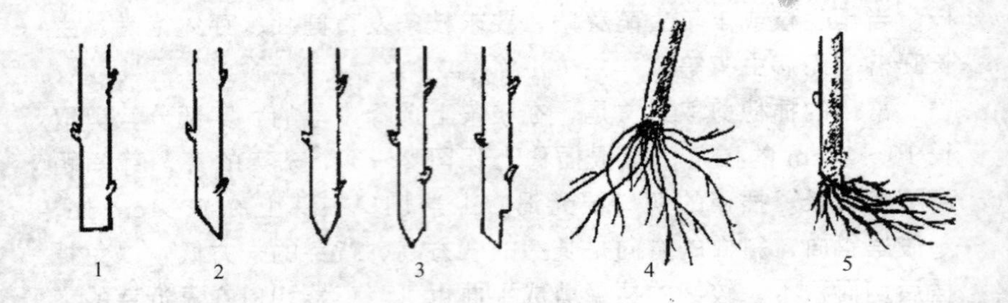

图 2-51　插穗的切口和形状

1—平切；2—斜切；3—双面切；4—下切口平切生根均匀；5—下切口斜切根偏于一侧

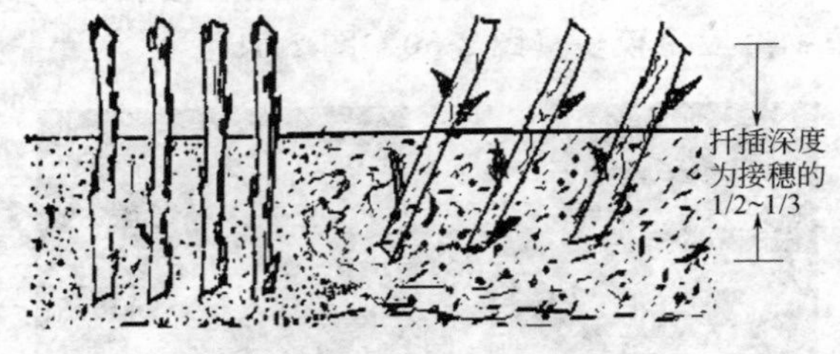

图 2-52　硬枝扦插方法

常见的其他硬枝扦插方法（图 2-53）如下。

① 长干插：对于某些容易生根的植物，可将剪下的整个枝条插入基质内，短时间内可获得大苗。

② 割插：有些生根困难的观赏灌木树种，可将插穗下端劈开，中间夹以石子等物，使之生根。

③ 踵状插：在插穗下端附带老枝的一部分，形如踵足，故称踵状插。这样下端养分集中，易于发根，但每根插条只能制作一个插穗，利用率较低。

2. 嫩枝扦插

嫩枝扦插是在生长期中选用半木质化的绿色枝条进行扦插育苗的方法，也叫软材扦插或绿枝扦插。有些观赏灌木用硬枝扦插不易

图 2-53　硬枝扦插特殊处理方法

1—割插；2—踵状插

成活，如紫玉兰、腊梅等，此时用嫩枝进行扦插效果较好。但是对环境条件的要求相对较高，需要更为细致的管理措施。

(1) 采条时间　采条时间要适宜，过早则由于枝条幼嫩容易腐烂；过迟则枝条中生长素减少，生长抑制物质含量增加不利于生根。大部分观赏灌木的采条适期在 5～9 月，具体时间因树种和气候条件而异。早晨采条较好。为防止枝条干燥，避免中午采条。一般是随采随插，不宜储藏。

(2) 选择母树及枝条　采条时应选择生长健壮而无病虫害的幼年母树，对难生根的植物，年龄越小越好。试验表明，水杉 3 年生母树所获得的插穗比 1 年生母树的插穗成活率低得多。

(3) 插穗的截制　插穗一般要保留 3～4 个芽，长度 5～15cm，插穗下切口为平口或斜口，剪口应位于叶或腋芽之下，插穗带叶，阔叶树一般保留 2～3 个叶片，针叶树的针叶可不去掉，下部可带叶插入基质中。在制穗过程中要注意保湿，随时注意用湿润物覆盖或浸入水中。

(4) 扦插方法　软枝扦插因其枝条柔嫩，扦插用地更需整理精细、疏松，常在插床上进行。插穗一段垂直插入土中，扦插深度应根据树种和插穗长短而定，一般为插条总长的 1/3～1/2。扦插密度以两插穗叶片相接为宜（图 2-54、图 2-55)。

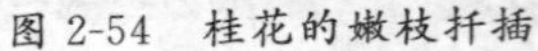
图 2-54　桂花的嫩枝扦插

图 2-55　石榴的嫩枝扦插

3. 根插

根插是利用一些植物的根能形成不定芽、不定根的特性，用根作为扦插材料来繁育苗木。根插可在露地进行，也可在温室内进行。采根的母株最好为幼龄植株或生长健壮的 1～2 年生幼苗。木本植物插根一般直径要大于 3cm，过细则储藏的营养少，成苗率低，不宜采用。插根根段长 10～20cm，草本植物根较细，但要大于 5mm，长度 5～10cm。根段上口剪平，下口斜剪。插根前，先在苗床上开深 5～6cm 的沟，将插穗斜插或平埋在沟内，注意根段的极性。根插一般在春季进行，尤其是北方地区。插条上端要高出土面 2～3cm，入土部分就会生根，不入土部分发芽（有些品种全都埋入土中也会发芽），芽一般都由剪口处发出；根插后要保持盆土湿润，不用遮阴；有些品种 15～20 天即能发芽，如榆树；有些品种可能需要 2 个月左右，如紫薇等，所以要有一定的耐心。

适用于根插的园林花木有泡桐、楸树、牡丹、刺槐、毛白杨、樱桃、山楂、核桃、海棠果、紫玉兰、腊梅等。可利用苗木出圃残留下根段进行根插（图 2-56、图 2-57）。

根插注意事项，一是根穗的粗细与具体的植物种类有关，有的选用粗根作插穗，扦插效果要好一些，有的则粗细无太大的差别；二是根穗截取的部位很重要，一般靠近根颈处的根段作插穗相对要好一些，如芍药；三是根的方向，由于植物的极性，插穗不能上下颠倒，否则不利于生根；四是花叶嵌合体观茎植物，如斑叶木、花

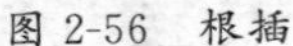

图 2-56　根插

图 2-57　根插长叶

叶天竺葵等，其根插苗不能有效保持其斑叶品种的性状；五是应特别注意床面湿度，根穗不适于燥热的环境条件，必须重视床面湿润，维持苗床和空气相对湿度；六是及时抹芽，对根穗上端萌发的过多芽蘖，要及时留优去劣，以保证扦插苗能形成良好的株形。

4. 叶插

利用叶脉和叶柄能长出不定根、不定芽的再生机能特性，以叶片为插穗来繁殖新的个体，称叶插法，如秋海棠类、夹竹桃等。叶插法一般在温室内进行，所需环境条件与嫩枝插相同。属于无性繁殖的一种，生产中应用较少（图 2-58）。

叶插又分为全叶插和片叶插。全叶插是用完整叶片做插穗的扦插方法。剪取发育充分的叶子，切去叶柄，再将叶片铺在基质上，使叶片紧贴在基质上，给以适合生根的条件，在其切伤处就能长出不定根并发芽，分离后即成新植株；还可以带叶柄进行直插，叶片需带叶柄插入基质，以后于叶柄基部形成小球并发根生芽，形成新的个体。全叶插分为两种方式，即平置叶插和直插叶插。

五、扦插苗的管理

插穗扦插后应立即灌足第 1 次水，以后经常保持土壤和空气湿度（软枝扦插空气湿度更为重要），做好保墒和松土工作。当未生

图 2-58　橡皮树叶插及生根

根之前地上部分已展叶，则应摘除部分叶片，在新苗长到 15～30cm 时，应选留一个健壮直立的芽，其余的除去，必要时可在行间进行覆草，以保持水分和防止雨水将泥土溅于嫩叶上。硬枝扦插时，对不易生根、生根时间较长的树种应注意必要时进行遮阴。嫩枝扦插后也要进行遮阴以保持湿度。在温室或温床中扦插，当生根展叶后，要逐渐开窗流通空气，使其逐渐适应外界环境，然后再移至圃地。

在空气温度较高而且阳光充足的地区，可采用全光照自动间歇喷雾装置进行扦插育苗，即利用白天充足的阳光进行扦插，以自动间歇喷雾装置来满足插穗生根对空气湿度的要求。保证插穗不萎蔫又有利于生根。使用这种方法对松伯类、常绿阔叶树以及各类花木进行硬枝扦插和软枝扦插均可获得较高的生根成活率。但扦插所使用的基质必须是排水良好的蛭石、珍珠岩和粗沙等。目前这种扦插育苗技术在生产上已得到全面推广，并且获得了较好的效果。

第四节　其他育苗方法

一、压条繁殖

压条繁殖是将未脱离母体的枝条压入土内或在空中包以湿润材料，待生根后把枝条切离母体，成为独立新植株的一种繁殖方法。

此法简单易行，成活率高，但受母株的限制，繁殖系数较小，且生根时间较长。因此，压条繁殖多用于扦插繁殖不易生根的树种，如玉兰、桂花、米仔兰等。

（一）压条时期

依压条时期的不同，可以分为生长期压条和休眠期压条。

① 休眠期压条　在秋季落叶后或早春发芽前，利用1～2年生的成熟枝条进行。休眠期压条多采用普通压条法。

② 生长期压条　一般在雨季进行，北方常在夏季，南方常在春、秋两季，用当年生枝条压条。在生长期进行的压条多采用堆土压条法和空中压条法。

（二）促进压条生根的措施

(1) 机械处理　对需要压条的枝条进行环剥、环割、刻伤、绞缢等。机械处理要适当，最好切断韧皮部而不伤到木质部。

(2) 化学药剂处理　用促进生根的化学药剂如生长素类（萘乙酸、吲哚乙酸、吲哚丁酸等）、蔗糖、高锰酸钾、B族维生素、微量元素等进行处理。采用涂抹法。

(3) 压条的选择　需要进行压条的枝条通常为2～3年生，枝条健壮，芽体饱满，无病虫害。

(4) 高空压条的生根基质一定要保持湿润。

(5) 伤口清洁无菌　机械处理使用的器具要清洁消毒，避免细菌感染伤口而腐烂。

（三）压条的种类和方法

压条的种类和方法很多，依据其压条位置的不同分为低压法和高压法。

1. 低压法

根据压条的状态不同又分为普通压条法、水平压条法、波状压条法及壅土压条法。

(1) 普通压条法　普通压条法是最常用的一种压条方法。适用于枝条离地面比较近而又易于弯曲的观赏灌木种类，如夹竹桃、栀子花、大叶黄杨等。方法是将近地面的1～2年生枝条压入土中，顶梢露出土面，被压部位深8～20cm，视枝条大小而定，并将枝条刻伤，促使其发根。枝条弯曲时注意要顺势不要硬折。如果用木钩（枝杈也可）钩住枝条压入土中，效果更好。待其被压部位在土中生根后，再与母株分离（图2-59）。这种压条方法一般一根枝条只能繁育一株幼苗，且要求母株四周有较大的空地。

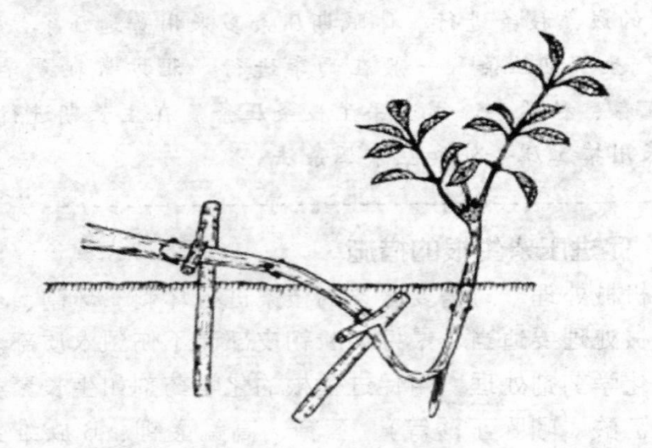

图2-59　普通压条法

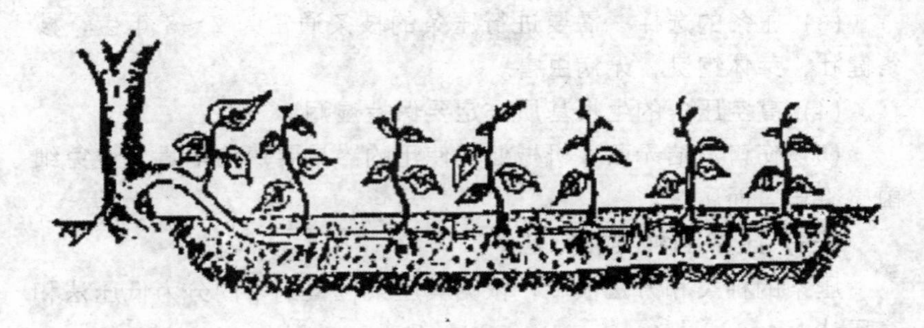

图2-60　水平压条法

（2）水平压条法　适用于枝条长且易生根的树种，如迎春、连翘等。通常仅在早春进行。具体方法是将整个枝条水平压入沟中，使每个芽节处下方产生不定根，上方芽萌发新枝，待成活后分别切离母体栽培（图 2-60）。一根枝条可得数株苗木。

（3）波状压条法　适用于枝条长且柔软或蔓性的树种，如葡萄、紫藤等。将整个枝条波浪状压入沟中，枝条弯曲的波谷压入土中，波峰露出地面（图 2-61）。以后压入地下部分产生不定根，而露出地面的芽抽生新枝，待成活后分别与母株切离成为新的植株。

（4）壅土压条法　又称“直立压条法”。被压的枝条不需弯曲，分蘖性强的树种或丛生树种，如贴梗海棠、八仙花等，均可使用此法。方法是将母株在冬季或早春于近地面处剪断，灌木可从地际处抹头，乔木可于树干基部 5～6 个芽处剪断，促其萌发出多数新枝（图 2-62）。待新生校长到 30～40cm 高时，对新生枝基部刻伤或环状剥皮，并在其周围堆土埋住基部，堆土后应保持土壤湿润。堆土时注意用土将各枝间距排开，以免后来苗根交错。一般堆土后 20 天左右开始生根，休眠期可扒开土堆，将每个枝条从基部剪断，切离母体而成为新植株。

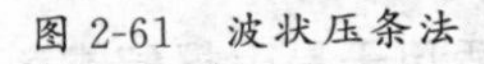

图 2-61　波状压条法

图 2-62　壅土压条法

2. 高压法

高压法又称空中压条法。凡是枝条坚硬、不易弯曲或树冠太高、不易产生萌蘖的树种均可采用此法（图 2-63、图 2-64）。高压法一般在生长期进行，将枝条被压处进行环状剥皮或刻伤处理，然后用塑料袋或对开的竹筒等套在被刻伤处，内填沃土或苔藓或蛭石等疏松湿润物，用绳将塑料袋或竹筒等扎紧，保持湿润，使枝条接触土壤的部位生根，然后与母株分离，取下栽植成为新的植株。

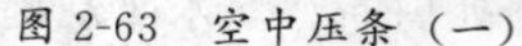
图 2-63　空中压条（一）

图 2-64　空中压条（二）

（四）压条繁殖苗后期管理

压条之后应保持土壤适当湿润，并要经常松土除草，使土壤疏松，透气良好，促使生根。冬季寒冷地区应予以覆草，免受霜冻之害。随时检查埋入土中的枝条是否露出地面，如已经露出必须重压。留在地上的枝条若生长太长，可适当剪去顶梢，如果情况良好，对被压部位尽量不要触动，以免影响生根。

分离压条的时间，以根的生长情况为准，必须有了良好的根群方可分割。对于较大的枝条不可一次割断，应分 2～3 次切割。初分离的新植株应特别注意保护，及时灌水、遮阴等。畏冷的植株应移入温室越冬。

二、分株繁殖

在观赏灌木的培育中，分株繁殖法适用于易生根蘖或茎蘖的观赏灌木种类。珍珠梅、黄刺梅、绣线菊、迎春等灌木树种，多能在茎的基部长出许多茎芽，也可形成许多不脱离母体的小植株，这就是茎蘖，这类花木都可以形成大的灌木丛。把这些大灌木丛用刀分别切成若干个小植丛进行栽植，或把根蘖从母树上切挖下来形成新的植株，这种从母树分割下来而得到新植株的方法就是分株繁殖。

（一）分株时间

主要在春秋两个季节进行，主要适用于可观赏的花灌木种类。因为要考虑后期花的观赏效果，一般春季开花植物宜在秋季落叶后进行，而秋季开花植物应在春季萌芽前进行。

（二）分株方法

1. 侧分法

在母株一侧或两侧将土挖开，露出根系，然后将带有一定基干（一般1～3个）和根系的植株带根挖出，另行栽植（图2-65）。用此种方法，挖掘时注意不要对母株根系造成太大的损伤，以免影响母株的生长发育，减少以后的萌蘗。

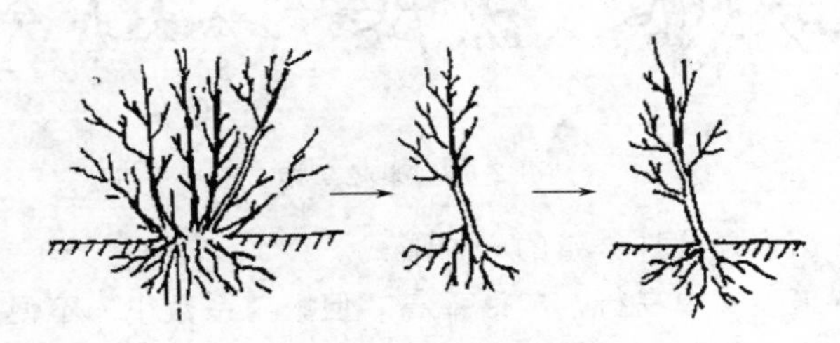

图2-65　侧分法

2. 掘分法

将母株全部带根挖起，用利刀或利斧将植株根部分成几份，每份的地上部均应各带1～3个基干，地下部带有一定数量的根系，分株后适当修剪，再另行栽植（图2-66、图2-67）。

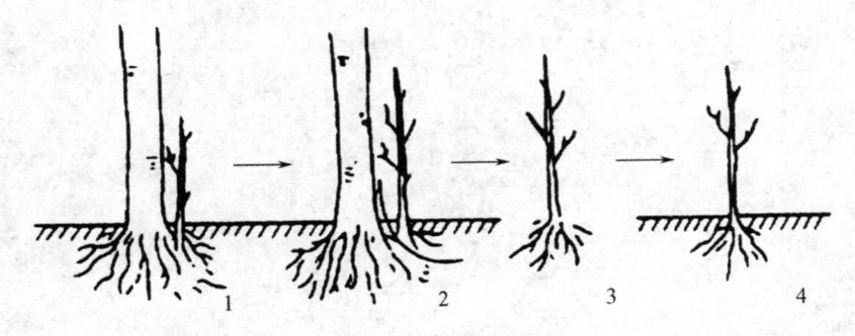

图2-66　根蘗繁殖

另外，分株繁殖可结合出圃工作进行。在对出圃苗木质量没有影响的前提下，可从出圃苗上剪下少量带有根系的分蘗枝，进行栽

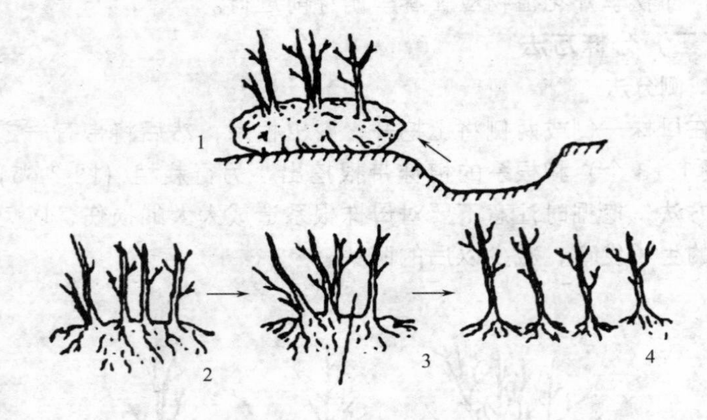

图 2-67 崛起分株

植培养，这也是分株繁殖的一种形式。

分株繁殖简单易行，成活率高。但繁殖系数小，不便于大量生产，多用于名贵花木的繁殖或少量苗木的繁殖。

第三章 观赏乔木的容器育苗技术

第一节 容器育苗的概念及优点

一、容器育苗的概念

容器育苗，就是用特定容器培育作物或果树、花卉、林木幼苗的育苗方式（图 3-1、图 3-2）。

随着我国观赏苗木业的发展，传统的苗床和大田育苗方式，由于出苗率低、质量差或移栽成活率低等原因，已越来越不适应现代化的园林建设需要。而容器育苗，则有着特有的优势而被越来越多的园林育苗从业人员所接受和认可，随着各类容器育苗机械、设备、容器、基质等的开发利用，容器育苗在近年来得到了蓬勃发展。

图 3-1 红千层容器育苗

图 3-2 营养钵育樟子松

二、容器育苗的优点

① 容器栽培的自动化、机械化程度高，可以极大地提高园林苗木产品的技术含量，可以减少移栽人工和劳动。

② 改善苗木的品质，经由容器培育的园林曲木抗性强，移栽成活率高，城市绿地建成速度快、质量好。

③ 容器苗木便于管理，根据苗木的生长状况，可随时调节苗木间的距离，便于采用机械进行整形修剪。

④ 可以打破淡旺季之分，实现周年观赏乔木苗木供应，有利于园林景观的反季节施工，在一年四季均可移栽，且不影响苗木的品质和生长，保持原来的树形，提高绿化景观效果。

⑤ 适用的土地类型更广泛，从而有效降低用地成本，能够充分利用废弃地资源。

⑥ 便于运输，节省田间栽培起苗包装的时间和费用。

由于容器栽培技术具有以上诸多优点，因而使容器栽培技术在国外大面积普及推广。

随着我国经济的迅猛发展，对景观的要求越来越高，容器栽培也将迅速发展起来，尤其在经济较发达地区，容器栽培将成为一种主要的栽培方式。

第二节　容器育苗技术

一、育苗容器

容器是苗木容器栽培的主体。容器的规格、形状、大小是否合理直接影响到苗木的质量、经济成本及造林后的生长状况，因此各国对容器的研制十分重视。目前容器仍在不断改进，向结构更为合理，有利于苗木生长，操作方便，降低成本的方向发展。到目前为止，许多国家已研制生产出适合本国园林苗圃业生产的容器。

容器是园林苗木容器栽培的核心技术之一，在技术和生产成本控制上都占据着重要地位。容器是一笔相当大的初期投资，在美国容器栽培苗圃，购买容器的费用是仅次于劳动力的费用。

对于整个苗木容器栽培生产体系而言，容器上的投资是必需的，而且苗木容器栽培的回报丰厚。容器对苗木生长的不利影响主要体现在其对根系的抑制作用上，即苗木的根系会由于容器的限制而出现窝根或生长不良的现象，进而阻碍了容器苗的健康生长，最终影响了容器苗的品质，这些也说明了容器对苗木生长的重要性。

（一）育苗容器的种类和材料

育苗容器的形状有圆柱形、棱柱形、方形、锥形，规格相差很大，但按生产容器的材料分有聚苯乙烯、聚乙烯、纤维或纸质材料的容器，不同材料的容器价格不同，对苗木容器栽培生产成本的影响也不同。北美苗圃行业多采用聚苯乙烯硬质塑料容器，便于机械化操作。我国生产的容器种类虽多（蜂窝状百养杯、连体营养纸杯、聚苯乙烯泡沫塑料盘、纸浆草炭杯塑料薄膜容器等），但无论在材质结构、便于操作上都不尽完善。至今还没有全国通用的定型产品，生产能力和生产成本与国外相比都存在很大的差距。应集中主要人力、财力加大这方面的科研力度，探索用农用秸秆和可降解的材料生产一次性容器。常见的育苗容器见图 3-3～图 3-6。

图 3-3　可降解育苗容器

图 3-4　非织布育苗容器

（二）容器的规格

容器的大小直接影响苗木的生长状况，较小的容器会限制苗木根系的生长，严重时苗木的根系甚至停止生长，这样无法充分利用生长期，苗木的生长潜力就不能充分发挥。因此，就需要定期更换较大的容器，而耗费大量的劳动力。如果直接把苗木移栽到较大的容器中，苗木不能充分利用容器中提供的营养并浪费容器提供的空间，相对提高苗木的生产成本。

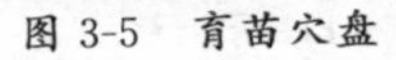

图 3-5　育苗穴盘

图 3-6　控根育苗容器

二、育苗基质

栽培基质是影响容器苗木生长的关键因素之一。栽培基质的选择首先是适用性，即能够满足栽培苗木的生长需要，应具有较好的保湿、保肥、通气、排水性能，有恰当的容重和大小孔隙平衡，pH 值 5.5～6.5，有形成稳固根球的性能。同时，栽培基质不能带有病虫害，不带杂草种子。其次是经济性，容器苗木栽培需要大量的栽培基质。栽培基质的价格水平直接影响苗木的成本控制。

（一）育苗基质的种类

适用于容器育苗的基质，必须在有限的空间中为苗木的生长提供所需的各种营养物质。

育苗基质常分为无机质和有机质。

① 无机质　蛭石、珍珠岩、岩棉、沙子、炉渣（图 3-7、图 3-8，见彩图）等。

② 有机质　泥炭、树皮、木屑、焦糠、稻壳（图 3-9、图 3-10，见彩图）等。

（二）育苗基质的配制

不同的观赏乔木，其具有不同的生物学特性，为了促进其良好

图 3-7 蛭石

图 3-8 炉渣

图 3-9 泥炭

图 3-10 木屑

生长，所需的各种营养物质需要通过不同的基质配制来完成。

基质配比的原则如下。

① 容器育苗所用基质要因地制宜，就地取材，应来源广，成本较低，具有一定肥力；理化性状良好，保湿、通气、透水；重量轻，不带病源菌、虫卵及杂草种子。

② 配制基质的材料有黄心土（生黄土）、火烧土、腐殖质土、泥炭等，按一定比例混合后使用。培育少量珍稀树种

时，在基质中掺以适量蛭石、珍珠岩等。

③ 基质中必须添加适量基肥，用量按树种、培育期限、容器大小及基质肥沃度等确定，阔叶树多施有机肥，针叶树适当增加磷钾肥。有机肥应就地取材，要既能提供必要的营养，又能起调节基质物理性状的作用，常用的有河塘淤泥、厩肥、土杂肥、堆肥、饼肥、鱼粉、骨粉等。有机肥要堆沤发酵，充分腐熟，粉碎过筛后与基质搅拌均匀，用不透气的材料覆盖3～5天，撤除覆盖物并翻至无气味后即可使用。无机肥以复合肥、过磷酸钙或钙镁磷肥等为主。

（三）基质的消毒及酸度调节

为预防苗木病虫害发生，基质要严格消毒。灭菌用消毒剂有福尔马林、硫酸亚铁、代森锌等，杀虫剂有辛硫磷等。

配制基质时还必须将酸度调整到育苗树种的适宜范围。

（四）菌根接种

用容器培育松类苗木时应接种菌根，在基质消毒后用菌根土或菌种接种。菌根土应取自同种松林内根系周围表土，或从同一树种前茬苗床上取土。菌根土可混拌于基质中或用作播种后的覆土材料。用菌种接种应在种子发芽后1个月，结合芽苗移栽时进行。

三、容器育苗技术

（一）育苗地的选择

容器育苗应选择在地势平坦、排水良好的地方，切忌选在地势低洼、排水不良、雨季积水和风口处；对土壤肥力和质地要求不高的植株，肥力差的土地也可进行容器育苗，但应避免选用有病虫害的土地；要有充足的水源和电源，便于灌溉和育苗机械化操作。

（二）基质装填与容器排列

基质装填前必须经充分混匀，以保证培育的苗木均匀一致。装填时，基质不宜过满，灌水后的土面一般要低于容器边口1～2cm，防止灌水后水流出容器。在容器的排列上，要依苗木枝叶伸展的具体情况而定，以既利于苗木生长及操作管理，又节省土地为原则。排列紧凑不仅节省土地，便于管理，而且可减少水分蒸发，防止干旱，但过于紧密则会形成细弱苗（图 3-11、图 3-12）。

图 3-11　基质填装

图 3-12　育苗容器按照一定秩序排列

（三）容器育苗的播种

容器育苗应选用高质量的种子，并实行每穴单粒播种，提高种子使用率。如不可避免地使用发芽率不高的种子，则需复粒播种，即一个容器内需放数粒种子，以减少容器空缺造成的浪费。播种后应及时覆土，覆土厚度一般为种子厚度的 1～3 倍，微粒种子以不见种子为宜。覆土后至出苗要保持基质湿润。

播种方法一般采用手工播种，也经常使用真空播种机播种。真空播种机由真空泵连接到吸头上，吸取种子，移入容器后解除真空，释放种子，完成机械播种（图 3-13、图 3-14）。

> 播种机是穴盘苗生产必备的机器设备。常见种类有真空模板型、复式接头真空型、电眼型、真空滚筒型和真空锥形筒型。

（四）容器苗的管理

1. 间苗与补苗

幼苗出齐 1 周后，间除过多的幼苗。每个容器一般只留一株壮

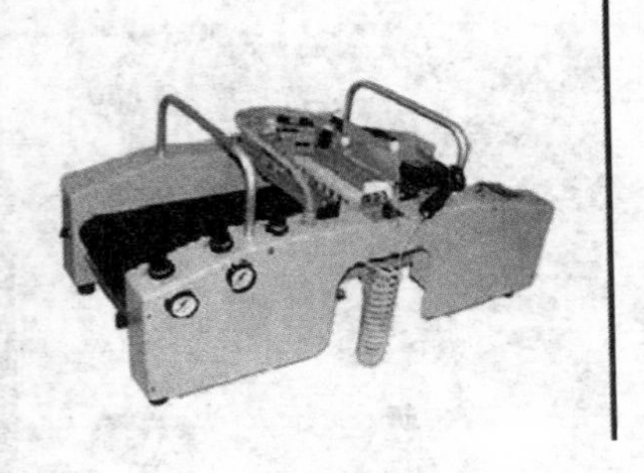

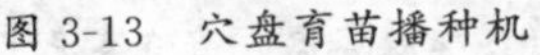

图 3-13　穴盘育苗播种机　　　　图 3-14　真空播种机

苗。对缺株的容器结合间苗进行补苗，注意间苗和补苗后要随时浇水。

2. 施肥

容器苗施肥时间、次数、肥料种类和施肥量应根据树种特性和基质肥力而定。针叶树出现初生叶，阔叶树出现真叶，进入速生期前开始追肥。大量元素需要量相对较大，微量元素尽管需要量很小，但对苗木生长发育至关重要。根据苗木各阶段生长发育时期的要求，应不断调整氯、磷、钾等肥料的比例和施用量，如速生期以氮肥为主，生长后期停止使用氮肥，适当增加磷、钾肥，促使苗木木质化。

追肥宜在傍晚结合浇水进行，严禁在午间高温时施肥。迫肥后要及时用清水冲洗幼苗叶面。

3. 浇水

浇水是容器育苗成功的关键环节之一。浇水要适时适量，播种或移植后随即浇透水，在出苗期和幼苗生长初期要多次适量勤浇，保持培养基质湿润；速生期浇水应量多次少，在基质达到一定的干燥程度后再浇水；生长后期要控制浇水。

浇水时不宜过急，否则水从容器表面溢出而不能湿透底部；水滴不宜过大，防止基质营养物从容器中溅出，溅到叶面上常会影响苗木生长。因此，常采用滴灌或喷灌法（图 3-15、图 3-16）。

图 3-15　容器控根栽培的滴灌设施

图 3-16　橡胶容器育苗喷雾浇水

4. 其他管理措施

对容器苗还需采取除草、防治病虫害等管理措施。

第四章 观赏乔木的生产管理

第一节　苗圃地的选择、规划与管理

园林苗圃是专供城镇绿化与美化，为改善生态及居住环境繁殖各种绿化用苗木的生产基地，既是培育绿化用苗木的场所，也是培育和经营绿化苗木的生产单位或企业，也是城市园林绿化建设用地的重要组成部分。苗圃管理的好坏，将直接影响到所生产苗木质量的高低，所以应加强苗木的集约化经营管理，采用先进的技术，争取在最短的时间内以最低的成本培育出优质苗木。

一、苗圃地的选择

苗圃地的好坏，直接影响苗木产量、质量和生产效率，所以在建立苗圃时要认真而谨慎地选择苗圃地。

选择苗圃地时，主要从两方面来考虑，一是经营管理方便，二是具有适宜苗木生长发育的自然条件。在经营管理条件方面，苗圃一般应选在绿化造林地区的中心或附近，尽量选设在交通便利的地方，接近居民点、林业单位及方便电力供应的地方等。在自然条件方面，应从地形、坡向、土壤、光照、湿度、水源和病虫害发生情况等方面，综合考虑选择适宜苗木生长的苗圃地。另外，苗圃类型各不相同，因此在选择苗圃地时，所考虑的主要问题也不同。

二、苗圃地的规划

苗圃地点和面积确定之后，为了充分利用土地，便于生产作业，应依据生产任务、各种苗木的生物学特性等，结合苗圃地的自然条件，将苗圃地进行全面合理的规划，主要包括生产用地和辅助用地规划。生产用地的规划，包括播种区、移植区、营养繁殖区、大苗区、大树区和引种驯化区等。辅助用地的规划，包括道路设置、排水灌水系统的设置、防护林和绿篱的设置，以及管理建筑物的设置等（图 4-1）。

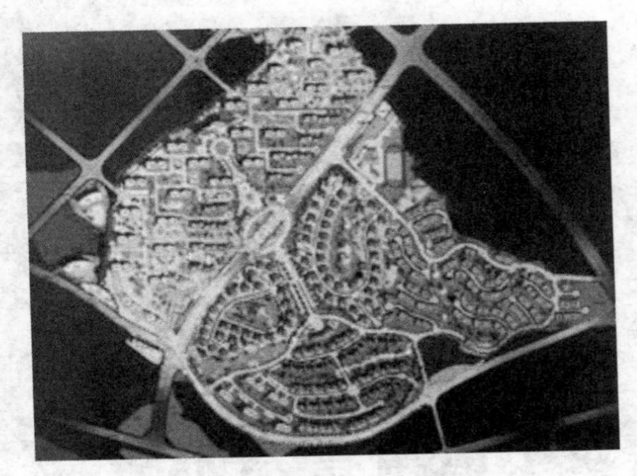

图 4-1　某苗圃地的规划设计图

三、苗圃地的管理

（一）灌溉与排水

树木正常生长发育，首先需要足够的水分（图 4-2～图 4-4）。因此，必须使土壤经常保持湿润。露地播种苗，因植株小，宜用喷壶喷水，避免将小苗冲倒，亦不至冲起地面泥土，沾污叶片。幼苗移植或定植后的灌溉，与幼苗成活关系甚大。因移植时一部分根系受到损伤，吸水力减弱，若得不到及时的水分供给，幼苗的生长将受到很大影响，甚至死亡。等幼苗生长稳定后，再进行正常的水分管理。

其次，灌水应灌足。灌水量及灌水次数，依季节、土质、气候条件及树木种类的不同而异。夏季及春季干旱时期，应灌水较多；疏松土质的灌溉次数，应比较为黏重的土质为多；晴天风大时应比阴天无风时多浇；喜湿的苗木（如垂柳）灌水次数要多，水量要大。

灌水时间因季节而异。夏季灌溉应在清早和傍晚进行，因为此时水温与地温相近，对根系生长活动影响小。冬季因早晚气温较

图 4-2　圃地喷灌

图 4-3　圃地滴灌

图 4-4　渗灌自动浇水技术

图 4-5　机械整地

低，灌溉应在中午前后进行。

灌溉用水，以软水为宜，尽量避免使用硬水。最好是河水，其次是池塘水和湖水。若要用井水，最好先抽出储于池内，待水温升高后使用，否则因水温较低，对植物根系生长不利。河沟的水富含养分，水温亦较高，适用于灌溉。小面积灌溉也可采用自来水，但费用较高。有泉水的地方，可用泉水。

雨季注意排水。雨季到来之前，应整修好排水系统。如遇见连续阴雨或特大暴雨，应在雨停之后半天之内将雨水排完，避免造成涝害。

（二）整地做畦

在露地树木播种或移植以前，必须先整地（图 4-5），整地质量与苗木生长发育有重要关系。整地不仅可以改进土壤物理性质，使得土壤松软，有利于种子发芽和根系伸展，而且可以促进土壤风化和有益微生物的活动，增加土壤中可溶性养分含量。通过整地，还可将土中的病虫翻于表层，暴露于日光或严寒等环境中加以杀灭。

整地深度，依树木种类、规格及土壤状况而定。整地时，先翻土壤，消除石块、瓦片、残根和杂草等。土壤持水量为40%～60%时，为耕地最适宜时机，因为此时土壤可塑性、凝聚力、黏着力和阻力最小。土壤经深耕后，若过于疏松，毛细管作用被破坏，根系吸水困难，则要做适度镇压（图4-6）。

树木栽培的做畦方式，依地区不同而异。高畦（图4-7）用于南方多雨地区及低温之处，其畦高出地面。高畦不仅便于排水，还有扩大与空气的接触面积及促进风化的效果。畦面的高度依排水需要而定，通常多为20～30cm。低畦（图4-8）多用于北方干旱地区，畦面两侧有畦埂，以便保持雨水及灌溉。畦面宽度一般为80～100cm。

图4-6 镇压

图4-7 高畦

（三）施肥

苗圃地施肥必须合理。有条件的地方可以通过土壤营养元素测定来确定施肥种类和数量。苗圃地应施足基肥。基肥可结合整地、做床时施用，以有机肥为主，也可加入部分化肥。施肥数量应按土壤肥瘠程度、肥料种类和不同的树种来确定。一般每亩施基肥

图 4-8　低畦

5000kg 左右。幼苗需肥多的树种要进行表层施肥，并加施速效肥料。为补充基肥之不足，可根据需要在苗木生长期适时追肥 2～4 次。追肥应使用速效肥料，一般苗木以氮肥为主，对高生长旺盛的苗木在生长后期可适当追施钾肥。

（四）病虫害防治

防治观赏乔木病虫害是苗圃多育苗、育好苗的一项重要工作。要贯彻“预防为主，综合防治”的方针，加强调查研究，搞好虫情调查和预测预报工作，创造有利于苗木生长、抑制病虫发生的环境条件。本着“治早、治小、治了”的原则，及时防治。并对进圃苗木加强植物检疫工作。

第二节　观赏乔木的移植与整形修剪

一、观赏乔木的移植

绿化观赏乔木大致可以分为常绿和落叶两类，这两类的移植有较大差别。

（一）常绿观赏乔木的移植

常绿观赏乔木苗木的移植，必须按照一定的要领进行。首先，必须正确掌握其移植的时间。常绿树种苗木的移植时间，以早春萌发新梢前或梅雨季节为好，暖地在寒冬来临之前的晚秋也可进行移植。

移栽前要适当疏枝及摘叶。起挖苗木时，一般应带土球。土球的大小依树苗大小而定。小于 30cm 的土坨可用草包包扎。大的土球，可先裹草席，再用草绳紧密缠严捆牢，或者将根部土坨挖成正方形后，用木板在四周钉槽。挖掘栽植坑时，要大小适当，深浅合理。穴内要施入一定量的有机肥，并将肥料与土拌和均匀。移植后，最好适当进行遮阴，并经常向树冠和地面洒水，以保持较高的空气湿度，减少叶面蒸腾，利于苗木的成活（图 4-9～图 4-12)。

图 4-9 树木移植带土球起挖

图 4-10 土球包扎

图 4-11 带土球常绿乔木的装运

图 4-12 带土球常绿乔木的栽植

（二）落叶观赏乔木的移植

落叶树种苗木的移植，一般在秋末落叶后或早春发芽前进行。但有些树种在新芽刚冒尖时移植，成活率才高，这可能是新芽形成的生长激素传导到根部，能促使根部伤口愈合，长出新根的缘故。

起苗分裸根起苗和带土球起苗两种（图 4-13、图 4-14），起苗时注意应尽量少伤根。苗木挖起后，应对根系及枝干进行适当修剪，以利于新根和新梢的萌发。移植的栽植坑，其深度及大小依苗木大小而定。栽植前，坑底施适当有机肥，并与土拌匀，然后栽入苗木，填土夯实。栽植深度以苗木根颈与地表相平为宜。

图 4-13 落叶树的裸根起苗

图 4-14 落叶树带土球起苗

苗木种植后，要浇 1～2 次透水。待表层土壤略干后，将其耙松，以利于保墒。

二、观赏乔木的整形修剪

苗木的整形必须从苗期开始，即通过对苗木进行修剪，将其培养成既符合其生理特性，又具有不同形状及观赏价值较高的树形。

苗木整形修剪方法很多，主要有剥芽、去蘖、摘心、短截、折枝捻梢、曲枝、疏枝等。苗木的整形，随树种不同而异。

（一）主干的培养

有明显顶芽的乔木，如臭椿、香椿和银杏等，不易出现竞争枝，养干较容易，移植后不应剪去主梢，修剪宜轻。而顶芽萌芽力差的乔木，如槐树、刺槐和柳树等，移植后必须将主梢剪去 20～30cm，选择饱满芽留在剪口下，促使发芽而成为延长的主干。对主干出现的竞争枝（与主枝争夺养分，争夺中央主轴方向的枝），应剪短或疏除。主干不高的树种，如栾树、杜仲等，移植后应多留枝叶，先养好根系，在第 2 年冬季剪截主干，加强肥水管理，培育出直立的主干。

（二）乔木树冠的培养

高大乔木，如杨树和榉树等，其树冠一般不需要人工整形。只有当出现较强的竞争枝时，及时剪除即可。为使树冠内通风透光，要疏除过密枝、病虫枝及枯枝。中央领导干不明显的乔木，如槐树和馒头柳等，可在 2.5m 左右高度定干，即将 2.5m 以上的主干部分剪去，然后选留 3～5 个向四面放射的主枝，把它们培养成骨干枝。第 2 年将这些主枝在 35～40cm 处短截，促使第 2 次分枝，即可培养成理想的树冠。

第三节　观赏乔木的出圃

苗圃培育的苗木达到一定规格时，即可出圃。苗木出圃，主要包括起苗、分级、统计、假植、储藏和包装运输等环节。为了保证园林绿化苗木具有较高的质量，通常要制定出圃的规格标准。

一、出圃观赏乔木的质量标准

1. 苗高

苗高指苗木从地际到顶梢的高度，是评价苗木等级的重要根据之一。如果苗木高度还达不到要求的标准，则属于等外苗。但因徒长而造成的细弱苗也属于等外苗。

2. 地径

地径指苗木主干靠近地面处的根颈部直径。一般在苗龄和苗高相同的情况下，地径越粗的苗木质量越好，栽植成活率高。所以，地径能够比较全面地反映出苗木的质量，是评定苗木质量的重要指标。生产上，一般主要根据苗高和地径两个指标来进行苗木分级。

3. 高径比

高径比为苗高与苗木地径之比。在苗高相同的情况下，地径越大则高径比的数值越小，说明苗木粗壮。同一树种不同的育苗技术和圃地条件，其高径比都不相同。

4. 根系发育情况

苗木根系包括主根、侧根和须根。调查根系发育要测定主根长度，统计侧根数，量出根幅大小。适宜的主根长度因树种和苗龄而异。针叶树播种苗根幅以不小于 18～20cm 为宜，阔叶树播种苗根幅以不小于 20～25cm 为宜。须根数量较多，根幅较大，为苗木根系发达的标志。

5. 苗木重量

苗木重量，包括苗木总重量、地上部分重量和根系重量，通常以克来表示。苗木愈重说明苗木组织愈充实、生长愈健壮。

6. 冠根比

冠根比是指苗木地上部分与地下部分重量之比。冠根比的大小反映出地上部分苗径生长和地下部根系的均衡程度。在同一树种、同一苗龄下，冠根比值越小，表明苗木根系发育良好，根系多、粗壮，栽植后容易成活。冠根比因树种而异，同一树种的冠根比随苗龄的增加而增大。

7. 病虫害及机械损伤情况

病虫害严重的苗木和根系、皮部受机械损伤的苗木，不能用于栽植。

二、起苗

（一）起苗时间

1. 春季起苗

园林苗圃中，起苗是春季作业的主要任务之一。理论上各类苗木均适于在春季芽萌动前起苗移栽，始于土壤化冻时，在萌芽前终止，因为芽萌动后起苗会影响苗木的栽植成活率；同时省去假植工序，减少人工等成本，但春季起苗时间短。因此，春季起苗要早，最好随起随栽。

2. 秋季起苗

一般在要起的苗木落叶后开始，此时苗木的地上部分停止生长，而根系还有些许活动，到土壤封冻前结束，利用苗圃秋耕作业结合起苗，有利于土壤改良、消灭病虫害以及减轻春季作业的繁忙。

3. 冬季起苗

在我国北方地区很少采用，破冻土带土球移植费时费力，但利用的是冬闲季节，可以充分安排劳动力，但方法较为费工，气候恶劣，必须随掘随栽。

（二）起苗方法

因树种和苗木大小而异，有带土起苗和不带土起苗两种。一般常绿树种以及在生长季节起苗，因蒸腾量大需带土球；年龄较大的苗木因根系恢复较困难，也应带土球。

1. 裸根起苗

在苗木的株行间开沟挖土，露出一定深度的根系后，斜切掉过深的主根，起出苗木，并抖落泥土，适于移植易成活的落叶树种（图 4-15）。

2. 带土球起苗

一般常绿树、名贵树种和较大的花灌木常采用带土球起苗。土球的大小，因苗木大小、根系分布情况、树种成活难易、土壤质地等条件而异。一般土球直径为根际直径的 8～10 倍，土球高度约为其直径的 2/3，应包括大部分根系在内，灌木的土球大小以其冠幅的 1/4～1/2 为标准。

起苗时先用草绳将树冠捆好，再将苗干周围无根的表面浮土铲去，然后在规定带土球大小的外围挖一条操作沟，沟深同土球高度，沟壁垂直。达到所需深度后，就向内斜削，将土球表面及周围修平，使土球上大下小呈坛子形。起掘时，遇到细根用铁锹斩断，

图 4-15　通过机械抖土的方式实现裸根起苗

图 4-16　带土球起苗

3cm 以上粗根用枝剪剪断或用锯子锯断。土球修好后，用锹从土球底部斜着向内切断主根，使土球与地底分开，最后用蒲包、稻草、草绳等将土球包扎好。打包的形式和草绳围捆的密度视土球大小和运输距离的长短而定（图 4-16）。

起苗时要少伤根系，避免风吹日晒，掘起的苗木应立即加以修剪，此时修剪主要是剪去植株过高和不充实的部分、病虫枝梢和根系受伤部分。

三、观赏乔木的分级与统计

苗木分级的目的，是使出圃苗木合乎规格标准，栽植后生长整齐，加快园林造景。根据苗木的主要质量指标（苗高、地径、根系、病虫害和机械损伤等），可格苗木分为成苗（标准苗）、幼苗（未达出圃规格，需要继续培育）和废苗三类。成苗又可以分为Ⅰ级苗和Ⅱ级苗。Ⅰ级苗应具前述标准苗质量要求。除此之外，一些特种整形的绿化观赏乔木还有一些特定指标要求。如行道树要求分枝点有一定高度，果树苗则要求骨架牢固，主枝分枝角度大，接口愈合牢靠、品种优良等。园林绿化苗木种类繁多，规格要求不一，目前各地尚无统一标准。通常根据苗龄、高度、地径、冠幅进行分级。

乔木Ⅰ级苗的标准如下。

① 根系发达，侧根须根多而健壮。

② 树干健壮、挺直、圆满、均匀，有一定高度和粗度。

③ 树冠饱满、匀称，枝梢木质化程度好，顶芽健壮、完整。

④ 无病虫害和机械损伤（图 4-17、图 4-18）。

图 4-17　国槐Ⅰ级苗

图 4-18　白皮松Ⅰ级苗

四、观赏乔木的假植与储藏

（一）观赏乔木的假植

将苗木的根系用湿润的土壤进行临时性埋植，称为假植。假植的目的是防止根系干燥，保证苗木质量。可分为临时假植或长期假植两种。在起苗后或移栽前进行的假植，为临时假植（图 4-19）。秋季起苗后，苗木要通过假植越冬，为越冬而进行的假植，称长期假植（图 4-20）。

（二）观赏乔木的储藏

为了更好地保证苗木质量，推迟苗木的萌发期，以达到延长栽植时间的目的，可采用低温储藏苗木的方法。关键是要控制好储藏的温度、湿度和通气条件。温度控制在 1～5℃，最高不要超过 5℃，在此温度下，苗木处于全眠状态，而腐烂菌不易繁殖，南方

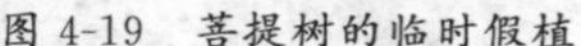

图 4-19　菩提树的临时假植

图 4-20　傍水越冬假植

树种可以稍高一点，不超过 10℃，低温能够抑制苗木的呼吸作用，但温度过低会使苗木受冻；相对湿度以 85%～100%为宜，湿度高可以减少苗木失水，室内要注意经常通风。一般常采用冷库、地下室进行储藏。对于用假植沟假植容易发生腐烂的树种，如核桃等采用低温储藏的方法。目前，苗木用于绿化已经打破了时间的限制，为了保证全年苗木供应，可利用冷库进行苗木储藏，将苗木放在湿度大、温度低又不见光的条件下，可保存长达半年的时间，这是将来苗木供应的趋势，所以大型苗圃配备专门的恒温库或冷藏库就成为必然趋势。

五、观赏乔木的包装与运输

（一）观赏乔木的包装

为了避免苗根在运输过程中日晒和机械损伤，在苗木出圃远途运输前，必须进行包装，做好保湿工作，避免苗木失水过多，影响栽植成活率。苗木包装有手工包装和机械包装两种方式。

为了防止苗木根系在运输期间大量失水，同时也避免碰伤树体，不使苗木在运输过程中降低质量，所以苗木运输时要包装，包装整齐的苗木也便于搬运和装卸。有人做过这样的试验，1 年生油松苗木，在 4 月的北京进行晒苗，30min 后成活率只有 14%，40min 就全部死亡了，可见在运输过程中对苗木进行包装是十分必要的。常用的包装材料有塑料布、塑料编织袋、草片、草包、蒲包、麻袋等，在具体使用过程中应根据植物材料和包装材料选择合适的包装材料。

目前苗木包装材料有苗木保鲜袋，它由三层性能各异的薄膜复合而成，外层为高反射层，光反射率达50%以上；中层为遮光层，能吸收外层透过光线的98%以上；内层为保鲜层，能缓释放出抑制病菌生长的物质，防止病害的发生，而且这种保鲜袋可以重复使用。

生产上苗木移植、包装、运输也常常用一些容器，如美植袋，又称环保植树袋（图4-21、图4-22）。它由聚丙烯材料制作，该材料具有最佳的透水透气性，并能有效控制植株根系的生长，能够自然断根。

图4-21　美植袋育苗

图4-22　不同颜色的美植袋

（二）观赏乔木的运输

带土球的大苗，均进行单株包装。用草帘或草绳包覆土坨，再用草绳捆绑。用草绳捆绑时，需要在土坨周围一圈圈地捆绑扎实，防止运输途中土坨散落，影响成活率。运输大苗时，还要用草绳拢住树冠（图4-23、图4-24），以免损伤枝条而影响冠形。苗木运输要及时。运到后，应将苗包打开，进行临时假植。过干时，要适当浇水，保持苗根湿润，防止苗包发热和苗根风干。

长距离运输时，苗木则需细致包装。包装时先将湿润物放在包装材料上，然后将苗木根对根放在湿润物上，并在根间加些湿润物，如苔藓等，防止苗木过度失水。苗木重量适当，便于搬运，一

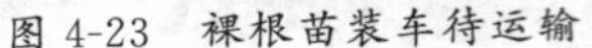

图 4-23　裸根苗装车待运输

图 4-24　带土球苗装车运输

般不超过 25 千克，将苗木卷成捆，用绳子绑住，但不宜太紧。最后在外面要附标签，其上注明树种、苗龄、数量、等级和苗圃名称等。

短距离运输时，苗木可散装在筐篓内，首先在筐底放一层湿润物，再将苗木根对根分层放在湿润物上，并在根间稍放些湿润物，苗木装满后，最后再放一层湿润物即可。也可在车上放一层湿润物，上面放一层苗木，分层放置。

图 4-25　苗木长途运输保湿剂

图 4-26　大苗土球蘸保湿剂后准备装车

苗木长途运输过程中，如果措施不当，导致水分过度蒸发，造成苗子成活率低下，带来严重损失。运输用保湿剂分蘸根型和叶面喷施型，使用后根部保持 20 天水分营养，告别泥浆蘸根的传统方法，须根最大限度地保证活性，栽植后成活快，使用简单，成本低。叶面喷施型用于运输过程中阻止叶面以及根部风干失水，最大限度地减少植株水分蒸发，提高苗木成活率，成本低，效果好（图 4-25、图 4-26）。

第四节 观赏乔木的病虫害及防治

随着绿化观赏乔木在园林上的应用越来越广泛，要求越来越高，其病害、虫害和杂草的防治也越来越重要，成为必不可少的环节。衡量绿化观赏乔木的指标，主要是观赏品质，如果其花朵或叶片上有病斑、虫孔，或者圃地杂草丛生，就会直接影响其品质，降低观赏价值和经济效益。因此，其病虫害和杂草的预防，比病虫害、杂草发生后的治疗更为重要。

一、园林植物病虫害及防治概念

观赏乔木在生长发育过程中，由于受到昆虫、病菌等生物的侵害或不良环境条件的影响，使得正常的生理活动受到干扰，细胞、组织、器官遭到破坏，植物生长发育不正常，甚至死亡，不仅影响美观，而且造成经济损失，这种现象称为园林植物病虫害。

为了减轻或防止病原微生物和害虫危害作物或人畜，而人为地采取某些手段，称为病虫害防治。

二、观赏乔木常见病害症状及危害

1. 病害种类

病害分为生理伤害引起的非传染性病害，以及病原微生物引起的传染性病害两种。

若某地区多种苗木及其他作物、植物发生相类似的状况，而没有向其他地区扩大的趋势或现象，则说明该类病害不具传染性，大多是由生理伤害所引起，如冻害、霜害、生理干旱或污染等。

若某病害发生后，逐渐向其他地区扩展，或是向其他具相似生物学性状的植物扩展，并有增多的趋势或者在某地区只有一种苗木发病且有扩散趋势，则说明这可能是由病原微生物所引起的侵染性病害。

导致侵染性病害的病原微生物种类相对较多，主要以细菌、真菌、病毒和线虫为主，此外还有少数放线菌、藻类或菟丝子等。

2. 观赏乔木常见病害

（1）黑斑病　植物黑斑病是好发于多种花卉及蔬菜的病害，由多种细菌和真菌引起；表现为叶、柄、幼果等部位出现黑色斑片状病损，严重影响植物的生长和产出（图 4-27，见彩图）。

图 4-27　黑斑病

图 4-28　甘草褐斑病

（2）褐斑病　为真菌性病害，下部叶片开始发病，逐渐向上部蔓延，初期为圆形或椭圆形，紫褐色，后期为黑色，直径为 5～10mm，界线分明，严重时病斑可连成片，使叶片枯黄脱落，影响开花（图 4-28，见彩图）。

（3）立枯病　立枯病又称“死苗”，主要由立枯丝核菌（属半知菌亚门真菌）侵染引起。其寄主范围广，除茄科、瓜类蔬菜外，一些豆科、十字花科等蔬菜也能被害，已知有 160 多种植物可被侵染。主要危害幼苗茎基部或地下根部，初为椭圆形或不规则暗褐色病斑，病苗早期白天萎蔫，夜间恢复，病部逐渐凹陷、缢缩，有的渐变为黑褐色，当病斑扩大绕茎一周时，最后干枯死亡，但不倒伏。轻病株仅见褐色凹陷病斑而不枯死。苗床湿度大时，病部可见不甚明显的淡褐色蛛丝状霉。（图 4-29，见彩图）。

图 4-29 四季海棠立枯病

图 4-30 刺槐白粉病

(4) 白粉病　白粉病分布在全国，主要危害玫瑰、月季、槐树等。主要发生在叶两面，叶面多于叶背，叶两面初现白色稀疏的粉斑，后不断增多，常融合成片，似绒毛状，严重的布满全叶，后期常现黑色小粒点，即病菌闭囊壳。病菌以菌丝体在病组织内或芽鳞中越冬，翌年条件适宜时，产生子囊孢子进行初侵染，发病后病部产生分生孢子进行再侵染，使病害扩大。严重影响光合作用，使正常新陈代谢受到干扰，造成早衰。(图 4-30，见彩图)。

(5) 叶斑病　其病原为丁香假单胞菌黄瓜致病变种。在肉汁胨琼脂培养基上菌落白色，近圆形，扁平，中央稍凸起，不透明，有同心环纹，边缘一圈薄而透明，菌落边缘有放射状细毛状物（图 4-31，见彩图)。叶斑病病菌在病残体或随之到地表层越冬，翌年发病期随风、雨传播侵染寄主。连作、过度密植、通风不良、湿度过大均有利于发病。

(6) 疫病　植株在整个生育期均可受害，以开花期受害最重。病菌从近地面茎基部侵染，向下延伸到根部。受害部位变软，呈水渍状，浅黑色，拔病株时病部易折断。最后，根部皮层腐烂脱落，露出变色的中柱（图 4-32，见彩图)。

3. 观赏乔木病害常见症状

(1) 变色　植物感病之后，病部细胞内的叶绿素不能够正常形成，而其他色素形成过多，导致植物发病部位出现不正常的颜色，称之为变色，在叶片上表现得最为明显，如花叶、黄化或白化（图

图 4-31　梨叶斑病

图 4-32　梨疫病

4-33，见彩图）等，同样变色也可以发生在花上。

（2）坏死　植物感病后细胞和组织死亡的现象。称为坏死。植物组织坏死后呈现褐色或暗褐色，常见的坏死类型有腐烂、溃疡、斑点和炭疽等（图 4-34，见彩图）。

图 4-33　苹果花叶病

图 4-34　苹果腐烂病

（3）畸形　植物感病后，细胞或组织生长过度或不足而造成畸形，常见的有矮缩、丛簇、肿瘤、丛枝、变形、疮痂等（图 4-35，见彩图）。

（4）萎蔫　植物体因病害而表现出的失水状态，称为萎蔫。植物萎蔫可以由多种原因引起，可以是根部腐烂、坏死，也可以是干旱。但典型的萎蔫是指根部或茎部维管束组织感病，使得水分输导受到阻碍而使植物萎蔫的现象。

(5) 流质流胶　植物感病后，自病部流出树脂或树胶，称为流脂病或流胶病。前者发生在针叶树上，后者发生于阔叶树上。流脂或流胶的原因比较复杂，一般由真菌、细菌或非生物性病原引起，也可能是综合作用的结果，如桃树流胶病、松树流脂病（图 4-36，见彩图）。

图 4-35　泡桐丛枝病

图 4-36　芒果流胶病

三、观赏乔木常见虫害及症状

1. 观赏乔木虫害概述

对植物有害的昆虫都称为害虫。害虫按其口器结构的不同，可分为咀嚼式口器害虫和刺吸式口器害虫，前者如蛾类幼虫和金龟子成虫等，后者如蚜虫、红蜘蛛、介壳虫和蓟马等。

2. 害虫的习性

(1) 食性　按害虫取食植物种类的不同，分为单食性害虫、寡食性害虫和多食性害虫三类。单食性害虫只危害一种植物，寡食性害虫可食取同科或亲缘关系较近的植物，多食性害虫可取食许多不同科的植物。在对害虫进行防治时，不仅仅局限于受害部位，而是要扩大到相对大的范围进行防治。

(2) 趋性　指害虫趋向或逃避某种刺激的习性，前者为正趋性，后者为负趋性。生产上可以利用趋性进行害虫的防治，如黄色诱虫板（图 4-37，见彩图）或诱虫灯（图 4-38）的使用。

(3) 假死性　假死性是指害虫受到刺激或惊吓时立马从植株上

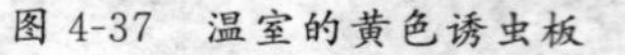

图 4-37　温室的黄色诱虫板

图 4-38　振式诱虫灯

掉落下来，暂时不动的现象（图 4-39）。对于该类害虫则可采用振落捕杀的方法进行防治。

图 4-39　蛴螬假死

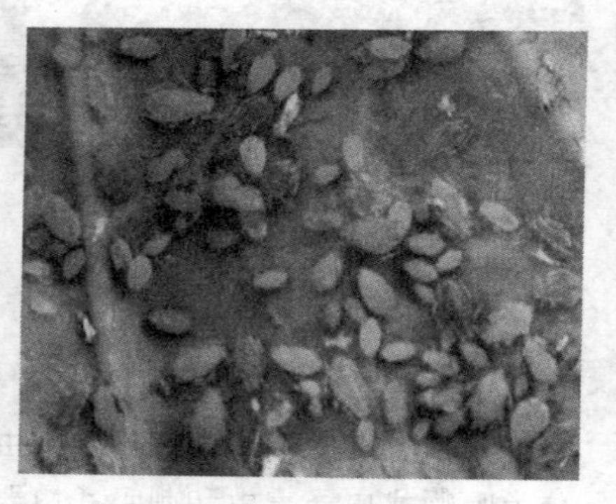

图 4-40　桃蚜虫布满叶片

（4）群集性　群集性指害虫群集生活共同危害植物的习性（图 4-40）。一般在幼虫时期该特性明显，该时期是药物防治的最佳时期。

（5）休眠特性　由于外界环境变得不适应害虫生长发育，虫体暂时停止发育的现象称为休眠。一般情况下，害虫的休眠都有其特定的场所，在休眠期间可以统一将其灭杀。

3. 害虫对观赏乔木的危害

（1）取食根茎　如蛴螬、蝼蛄、地老虎等地下害虫，为害花圃、苗圃、草坪、地被植物的根系或幼苗的嫩茎，造成缺苗断垄，严重时全军覆没，造成重大经济损失。这类害虫其幼虫口器均为咀嚼式口器，有的成虫也为咀嚼式口器，常常造成严重危害。

(2) 取食叶片、花冠　如槐尺蠖、柳毒蛾、杨扇舟蛾等常取食苗木叶片造成缺刻或蚕食一光。严重影响苗木的光合作用和正常生长，使得苗木衰弱不良，既达不到出圃要求，又易被其他病虫侵害。这类害虫其幼虫为咀嚼式口器，成虫为虹吸式口器，成虫一般不为害植株。

(3) 刺吸汁液　如蚜虫、介壳虫、叶蝉、椿象等刺吸植物体内养分，使叶片枯黄、嫩梢萎缩、花蕾脱落，导致霉污病，有些种类还是植物病毒病害的媒介。这类害虫其成虫和若虫均是刺吸式口器。

(4) 蛀食枝干　如天牛、木蠹蛾、透翅蛾等蛀食木质部，造成枝干死亡。如茎蜂、槐小卷蛾、松梢螟等易造成嫩梢枯死。该类害虫的幼虫口器均是咀嚼式口器。

四、观赏乔木病虫害的防治

病虫害对观赏灌木造成的危害如此巨大，为了减少损失，要采取措施进行防治，常见的防治方法如下。

1. 园林技术防治

园林技术防治是利用一系列栽培管理技术，降低有害生物种群数量或减少其侵染的可能性，来培育健壮植物，增强植物抗害、耐害和自身补偿能力，或避免有害生物危害的一种植物保护措施。通常选育抗性品种，这是一种经济有效的措施，不同的植物品种对病虫害的抗性有明显的不同，选育抗性强的品种在病虫害防治中处于主要地位，在具体处理过程中，可以通过引种、杂交育种、人工诱变和辐射诱变等方法进行选育。在选育抗性强的品种之后，还要在栽培过程中保证苗木的质量，及时剔除劣质苗、低质苗，可以采取扦插等无性繁殖方法，这是培育健壮苗木的基础。此外，还要保证具有严格的栽培管理措施，合理安排园林植物布局，避免相邻种植同种害虫的源植物；严格按照科学的栽植规程进行操作，同时栽后及时整形修剪，做到科学合理灌溉、合理施肥。

2. 物理机械防治

物理机械防治是采用物理和人工的方法消灭害虫或改变物理环境，创造害虫不利的环境或阻隔其侵入的防治方法。物理机械防治见效快，可以在害虫大发生前进行消灭，也可以在害虫大发生时作为一种应急措施。常见的物理机械防治方法有以下几种。

(1) 捕杀法　捕杀法是根据害虫发生特点和规律人为直接杀死害虫或破坏害虫栖息场所的措施。可以人工摘除卵块、虫苞，也可以在冬天刮除老皮；及时剪去病虫枝等。

(2) 阻隔法　即人为设置各种障碍，切断病虫害的侵害途径。可以使用防虫网，也可以进行地膜覆盖，还可以利用幼虫的越冬习性，在树干基部或中部设置障碍物，也可以针对不能迁飞的昆虫挖障碍沟。

(3) 诱杀法　主要利用害虫的趋性，配合一定的物理装置、化学毒剂或人工处理等来防治害虫的一类方法，包括灯光诱杀、毒饵诱杀、潜所诱杀等。灯光诱杀是利用昆虫不同程度的趋光性，采用黑光灯、双色灯或高压汞灯结合诱集箱、水坑或高压电网诱杀害虫的方法，还可以利用昆虫对颜色的趋避特性进行防治。毒饵诱杀是利用昆虫对一些挥发性物质特殊气味的敏感感受能力，表现出的正趋性反应，在其所喜欢的食物中加入有毒物质，这种方法可以诱杀蝼蛄、金龟子等害虫。此外，还可以利用害虫具有选择特殊环境潜伏或生活的习性，设置特殊场所进行诱杀；也可以利用昆虫对某些植物的喜好性，适量种植该植物诱杀，还可以利用昆虫对黄颜色的喜爱进行色板诱杀。

3. 化学防治

化学防治是指应用各种化学农药来控制为害园林植物害虫种群数量的一种方法。这种方法效果显著，具备其他方法所不具备的优点，是病虫害防治体系当中快速、高效的防治方法，不受地域限制，易于机械化操作。但是也有缺点，它可以使苗木产生抗药性，杀死非目标生物，破坏生态平衡等。

(1) 农药剂型　农药常见的剂型，一是粉剂，即原药加入一定比例的高岭土、滑石粉等惰性材料并经机械加工而成的粉末状物；二是可湿性粉剂，即原药与少量表面活性剂以及细粉状载体等粉碎混合而成，兑水使用；三是乳油，即原药加入溶剂、乳化剂、稳定剂等经溶化混合而成的透明或半透明的液体；四是颗粒剂、烟剂、悬浮剂、缓释剂、片剂以及其他剂型，使用方法在买到的商品上都有详细介绍。

(2) 农药的使用方法　生产中常见的使用方法有喷雾法、喷粉法、土壤处理法、毒土法、种苗处理法、毒饵法、熏烟法、注射法、打孔法等（图 4-41、图 4-42）。

图 4-41　喷雾法施入农药

图 4-42　马铃薯种子拌药促产

(3) 农药的科学使用　农药的科学使用要以“经济、安全、有效”为原则，以生态学为基础，以控制有害生物种群数量为目的，做到合理用药、安全用药。

① 合理用药：根据园林植物有害生物的种类，结合农药自身的防治范围，做到“准确用药”；选择苗木有害生物生长发育最薄弱环节进行防治，做到“适时用药”；选择几种农药交替使用，避免药害产生，做到“交互用药”；选择几种农药同时使用防治不同的有害生物种类和不同部位的有害生物，做到“混合用药”。

② 安全用药：即保证用药时对人、畜、天敌、植物本身以及其他有益生物安全，防止农药造成人、畜中毒，以及对植物产生药害。

4. 生物防治

生物防治是利用生物及其生物产品来控制有害生物的方法。生物防治对人、畜安全，对环境影响小，可以达到长期控制的目的，还不产生抗性问题。生物防治资源丰富，易于开发，是目前最科学的防治方法。

(1) 以虫治虫　指利用昆虫和天敌的关系，以一种生物抑制另一种生物，以降低有害生物种群密度的方法。该方法最大的优点是对环境没有污染，不受地形控制，在一定程度上可以保持生态平衡，常见的天敌昆虫有瓢虫、草蛉、赤眼蜂等（图 4-43）。

图 4-43　管氏肿腿蜂成功灭杀天牛

图 4-44　啄木鸟捕食

(2) 以菌治虫　指利用昆虫的病原微生物来防治害虫，将真菌、细菌等制成制剂，采用喷雾法、土壤处理、诱杀等方法来杀死有害生物的方法。

(3) 以鸟治虫　利用鸟类在不同时期啄食各个世代和不同龄期的苗木害虫。鸟类是控制园林害虫的主力军，但在苗圃并不常见。常见的鸟类有啄木鸟、燕子等，数据显示，啄木鸟一冬天可将附近80%树干里的害虫掏出来（图 4-44），这是任何农药都不能完成的。

(4) 以菌治病　是指利用有益生物及其产物来抑制病原物的生存与活动，从而减轻病害的发生，即“拮抗作用”。利用微生物之间的竞争作用、捕食作用、交互保护作用等来防止某些病害的发生。

第五章 大树移植技术

大树移植作为园林绿地养护过程中的一项基本作业，主要应用于现有树木的保护性移植，但是在目前城市化进程中，也用于城市的新建绿地建设。随着城市的快速发展，新的居民区、商业区不断涌现，新来的居民都有一定的心理需求，希望有一定量的大树存在，给人以特定的归属感，而壮龄树会给人心绪安宁并产生安全感的视觉效果。

第一节　大树的选择与移植

一、大树与大树移植

（一）什么是大树

大树，一般指胸径在15～20cm以上，或是树高在4～6m，或树龄在20年以上的树木（图5-1）。在英国称之为“壮龄树”，要带土球移植（或是在某些情况下裸根移植），由于具有一定的规格和重量，需要专门机具进行操作。

（二）大树移植

大树移植是指对干径在10cm以上树木所进行的移植。与一般树苗移植相比，其不同主要表现在被移植的对象具有庞大的树体和相当大的重量。

> 我国在大树移植方面早有成功经验。1954年，北京展览馆因建设需要成功移植胸径20cm以上的元宝枫、白皮松、刺槐等。同年，上海也成功移植胸径20cm以上的雪松、油松、白皮松100余株，成活率几乎达100%。

二、大树移植的目的与意义

1. 绿地树木种植密度的调整需要

在城市绿化中，为了能使绿地建设在较短的时间内达到设计的

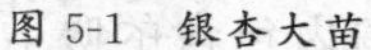
图 5-1 银杏大苗

图 5-2 大树绿化居民效果

景观效果，一般来说初始种植的密度相对较大，一段时间后随着树体的增粗、长高，原有的空间不能满足树冠的继续发育，需要进行抽稀调整，这在 20 世纪 70～80 年代间建设的绿地进行改造时，表现尤为突出。调整力度的大小，主要取决于绿地建设时的种植设计、树种选用和配植的合理程度等。行道树一般采用能适应当地生长环境、移植时易成活、生长迅速而健壮的树种（多采用乡土树种），且对土壤、水分、肥料要求不高，耐修剪，病虫害少，抗性强，树种为深根性，无刺，花果无毒，无臭味，落果少，无飞毛，同时树干要挺拔、体型优美、树冠冠幅大、枝叶茂密、遮阴效果好。定干高度则要求胸径在 12～15cm，树干分枝角度大，干高不得小于 3.5m，分枝角度较小者不小于 2m；高大乔木株距至少 6～8m；小乔木株距 4～6m，最小种植间距应为 4m；树干距离房屋至少 3m；距离高压电线最小垂直约 1.5m。

2. 建设期间的原有树木保护

在城市建设过程中，妨碍施工的树木，如果被全部伐除、毁灭，将是对生态资源的极大损害，特别是对那些有一定生长体量的大树，应作出保护性规划，尽可能保留；或采取大树移植的办法，妥善处置，使其得到再利用。在这种情况下一般要实施大树移植。

3. 城市景观建设需要

在绿化用地较为紧张的城市中心区域或城市绿化景观的重要地段（图 5-2），如城市中心绿地广场、城市标志性景观绿地、城市主要景观走廊等，适当考虑大树移植以促进景观效果的早日形成，具有重要的现实意义。

三、大树移植的特点

1. 移植成活困难

首先，树龄大、阶段发育程度深，细胞的再生能力下降，在移植过程中被损伤的根系恢复慢。其次，树体在生长发育过程中，根系扩展范围不仅远超出树冠水平投影范围，而且扎入土层较深，挖掘后的树体根系在一般带土范围内包含的吸收根较少，近干的粗大骨干根木栓化程度高，萌生新根的能力差，移植后新根形成缓慢。再次，大树形体高大，根系距树冠距离长，水分的输送有一定困难；而地上部的枝叶蒸腾面积大，移植后根系水分吸收与树冠水分消耗之间的平衡失调，如不能采取有效措施，极易造成树体失水枯亡。最后，大树移植需带的土球重，土球在起挖、搬运、栽植过程中易造成破裂，这也是影响大树移植成活的重要因素。

2. 移栽周期长

为有效保证大树移植的成活率，一般要求在移植前的一段时间就做必要的移植处理，从断根缩坨到起苗、运输、栽植以及后期的养护管理，移栽周期少则几个月，多则几年，每一个步骤都不容忽视。

3. 工程量大、费用高

由于树体规格大、移植技术要求高，单纯依靠人力无法解决，往往需要动用多种机械。另外，为了确保移植成活率，移植后必须采用一些特殊的养护管理技术与措施，因此在人力、物力、财力上都是巨大的耗费。

4. 绿化效果快速、显著

尽管大树移植有诸多困难，但如能科学规划、合理运用，则可在较短的时间内迅速显现绿化效果，较快发挥城市绿地的景观功能，故在现阶段的城市绿地建设中呈现出较高的上升势头。

四、大树移植的原则

（一）树种选择原则

1. 移栽成活难易

大树移植成功与否首先取决于树种选择是否得当。美国树艺学家 Himelick 认为，大树移植比较容易成活的树种有杨属、柳属、桤木属、榆属、朴树属、椴树属植物以及悬铃木、棕榈、紫杉、刺槐、梨等，而核桃、山核桃、檫木、紫树、白栎等则移植十分困难。我国的大树移植经验也表明，不同树种间在移植成活难易上有明显的差异。

最易成活者有杨树、柳树、梧桐、悬铃木、榆树、朴树、银杏、臭椿、楝树、槐树、木兰等；较易成活者有香樟、女贞、桂花、厚朴、厚皮香、广玉兰、七叶树、槭树、榉树等；较难成活者有马尾松、白皮松、雪松、圆柏、侧柏、龙柏、柏树、柳杉、榧树、楠木、山茶、青冈栎等；最难成活者有云杉、冷杉、金钱松、胡桃、桦木等。

2. 生命周期长短

由于大树移植的成本较高，移植后总希望能够在较长时间内尽可能保持大树的飒爽英姿。如果选择寿命较短的树种进行大树移植，无论从生态效应还是景观效果上，树体不久就进入“老龄化阶段”，移植时耗费大量人力、物力、财力，得不偿失。而对那些生命周期长的树种，即使选用较大规格的树木，仍可经历较长年代的生长并充分发挥其较好的绿化功能和艺术效果。

（二）树体选择原则

1. 树体规格适中

大树移植，并非树体规格越大越好、树体年龄越老越好，更不能一味追求树龄，不惜重金从千百里外的深山老林寻古挖宝，且不谈移植失败对大树资源的浪费和破坏，其实质是对大树原生地生态资源的野蛮掠夺。特别是古树，由于生长年代久远，已依赖于某一特定生境，环境一旦改变，就可能导致树体死亡。研究表明，如不采用特殊的管护措施，地面 30cm 处直径为 10cm 的树木，在移植后 5 年其根系能恢复到移植前的水平；而一株直径为 25cm 的树木，移植后需 15 年才能使根系恢复。同时，移植及养护的成本也随树体规格增大而迅速攀升。目前我国一些城市热衷进行的“大树进城”工程，虽其初衷是为了能在短期内形成景观效果，满足人们对新建景观的即时欣赏要求，但由于这种提法在概念上的模糊，容易造成盲目理解、甚至过度依赖大树移植的即时效果，一味集中种植特大树木，这不仅难以获得满意的景观效果，而且严重地破坏了景观美学的协调性。另外，大树移植的成本高，种植、养护的技术要求也高，对整个地区生态效益的提升却有限；更具危害性的是，目前我国的大树移植，多以牺牲局部地区、特别是经济不发达地区的生态环境为代价，故非特殊需要，不宜倡导多用，更不能成为城市绿地建设中的主要方向。

2. 树体年龄轻壮

处于壮年期的树木，无论从形态、生态效益以及移植成活率上都是最佳时期。大多树木，当胸径在 10～15cm 时，正处于树体生长发育的旺盛时期，因其环境适应性和树体再生能力都强，移植过程中树体恢复生长需时短，移植成活率高，易成景观。一般来说，树木到了壮年期，其树冠发育成熟且较稳定，最能体现景观设计的要求。从生态学角度而言，为达到城市绿地生态环境的快速形成和长效稳定，也应选择能发挥最佳生态效果的壮龄树木。故一般慢生树种应选 20～30 年生植株，速生树种应选 10～20 年生植株，中生树种应选 15 年生植株。一般乔木树种，以树高 4m 以上、胸径 15～25cm 的树木最为合适。

3. 就近选择原则

树种不同，其生物学特性也有所不同，对土壤、光照、水分和温度等生态因子的要求都不一样，移植后的环境条件应尽量和树种的生物学特性及原生地的环境条件相符，如柳树、乌桕等适于在近水地生长，云杉适于在背阴地生长，而油松等则适于在向阳处栽植。而城市绿地中需要栽植大树的环境条件一般与自然条件相差甚远，选择树种时应格外注意。因此，在进行大树移植时，应根据栽植地的气候条件、土壤类型进行选择，以乡土树种为主、外来树种为辅，坚持就近选择为先的原则，尽量避免远距离调运大树，使其在适宜的生长环境中发挥最大优势。

4. 科学配置原则

充分突出大树的主体地位。由于大树移植能起到突出景观和强化生态的效果，因此要尽可能地把大树配置在主要位置，配置在景观生态最需要的部位，能够产生巨大景观效果的地方，作为景观的重点、亮点。如在公园绿地、公共绿地、居住区绿地等处，大树适宜配置在入口、重要景点、醒目地带作为点景用树；或成为构筑疏林草地的主分；或作为休憩区的庭荫树配置。但切忌在一块绿地中集中、过多地应用过大的树木，因为在目前的栽植水平与技术条件下，为确保移植成活率，通常必须采取强度修剪的方法，大量自然冠型遭到损伤的树木集合在一起，景观效果未必理想。大树移植是园林绿地建设中的一种辅助手段，主要起锦上添花的作用，绿地建设的主体应是采用适当规格的乔木与大量的灌木及花、草地被的合理组合，模拟自然生态群落，增强绿地生态效应。

5. 科技领先原则

为有效利用大树资源，确保移植成功，应充分掌握树种的生物学特性和生态习性，根据不同的树种和树体规格，制订相应的移植与养护方案，选择在当地有成熟移植技术和经验的树种，并充分应用现有的先进技术，降低树体水分蒸腾、促进根系萌生、恢复树冠生长，最大限度地提高移植成活率，尽快、尽好地发挥大树移植的生态和景观效果。

6. 严格控制原则

大树移植，对技术、人力、物力的要求高、费用大。移植一株大树的费用比种植同种类中小规格树的费用要高十几倍、甚至几十倍，移植后的养护难度更大。大树移植时，要对移植地点和移植方案进行严格的科学论证，移什么树、移植多少，必须精心规划设计。一般而言，大树的移植数量最好控制在绿地树种种植总量的

5%～10%。大树来源更需严格控制，必须以不破坏森林自然生态为前提，最好从苗圃中采购，或从近郊林地中抽稀调整。因城市建设而需搬迁的大树，应妥善安置，以作备用。

第二节 大树移植

一、移植时间

大树移植的最佳时间，因树木种类、生活习性以及生长环境等不同而异。一般情况下，以春、秋季为宜，特殊情况下也可在生长季节移植。

1. 春季移植

早春是大树移植的最佳时期，此时树液开始流动，枝叶开始萌动，挖掘时损伤的根系容易愈合。移栽后，经过一个生长季节的生长，移植时受伤的根系已基本恢复，给树体安全越冬创造了有利条件。而春季树体开始萌芽时枝叶还没有全部长成，树体蒸腾量小，根系能够及时恢复以水分代谢为主的平衡，因此，春季移植具有较高的成活率。

2. 秋季移植

秋冬季节，从树木开始落叶到气温不低于－15℃的这一段时间，树体虽处于休眠状态，但地下部分尚未完全停止生理活动，移植时受损伤的根系能够愈合恢复，给来年春季萌发生长创造良好的条件。

3. 夏季移植

夏季移植也叫生长季移栽。由于树体蒸腾量大，一般不利于大树移植。若十分必要，则要改进移栽措施，也能取得成功，但所需技术复杂，成本高，一般避免使用。

二、大树移植前的准备工作

为保证大树移栽工程的顺利实施、移植后成活以及成活后快速恢复生长，做好大树移植之前的准备工作十分重要。移植前的准备工作主要有以下几项。

（一）树种选择

应对可供移植的大树进行实地调查，包括了解树种、干高、干径、树高、冠径、树形和最佳观赏面等，以及大树生长的土质、周围环境、交通路线和障碍物等情况，以确定能否移植。同时，还要了解树木的所有权以及相关单位的要求等，并办理好所有权转让等相关手续。

（二）断根缩坨

断根缩坨，也称回根法或盘根法（图 5-3、图 5-4）。一般在移植前 2～3 年，于大树四周分年进行断根，每年切断部分侧根。断根时间一般在春、秋季节。断根时，在干径的 5 倍之外，挖一宽 30～40cm、深 50～70cm 的沟，挖时最好只切断较细的根，保留 1cm 以上的粗根，并于土球壁侧，行宽约 10cm 的环状剥皮，以促进新根发生。经过这样连续 2～3 年的断根，可缩小大树移植时所带的土球，减少移植工程量和难度，并能挖成较完整且带有许多须根的土球，使大树移植后较易成活。

图 5-3　切断侧根

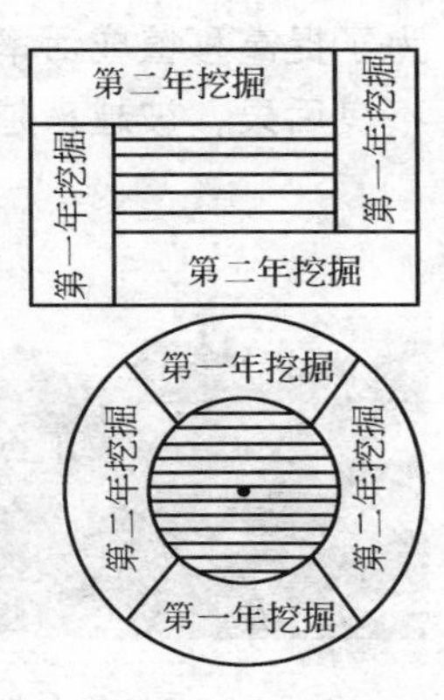

图 5-4　断根缩坨

（三）根冠修剪

大树移植时，为了保持树体水分代谢平衡，必须对树冠实施重剪。修剪可结合树冠整形进行，方法以疏剪和缩剪为主。一般情况下，可剪去 1/3～1/2 的树冠及枯枝、病枝、细弱枝、重叠枝和内向枝等，修剪后用防腐剂或接蜡涂抹伤口，以防病菌感染。

目前国内大树移植主要采用的树冠修剪方式有以下几种。

1. 全株式

原则上只将徒长枝、交叉枝、病虫枝、枯弱枝及过密枝修剪，尽量保持树木的原有树冠、树形，绿化的生态、景观效果好，为目前高水平绿地建设中所推崇使用，尤其针对萌芽率弱的常绿树种，如雪松（图 5-5）等。

2. 截枝式

只保留树冠的一级分枝，将其上部全部截除，多用于生长速度和发枝力中等的树种，如香樟、广玉兰、银杏（图 5-6、图 5-7）等。这种方式虽可提高移植成活率，但对树形破坏严重，应尽量控制使用。

3. 截干式

将整个树冠截除，只保留一定高度的主干，多用于生长速度快和发枝力强的树种，如杨树、国槐（图 5-8）等。这种做法主要是为了提高移植成活率，但从理论上讲是极端错误的做法，有诸多的不良后果，被越来越多的园林工作者所放弃。

图 5-5　雪松的全株式修剪

图 5-6　香樟的截枝式修剪

（四）树穴挖掘

栽植穴应在大树起挖前按要求挖好，并准备好充足的回填土和

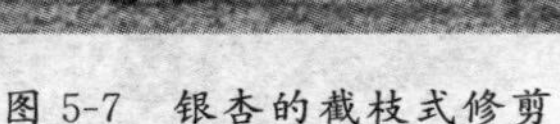

图 5-7　银杏的截枝式修剪

图 5-8　国槐的截干式修剪

适量的有机肥。挖掘方法同一般树木移植，但要注意现场回填土的堆放不要影响机械操作。为便于大型机械进入作业现场，必要时须将地面做适当处理，以防车辆陷入。

三、大树移植技术

（一）树体起挖

首先，在起掘前 1～2 天，根据土壤干湿情况适当浇水，以防挖掘时土壤过干而导致土球松散，也可以给树皮和叶面喷水或应用抗蒸腾剂；其次，清理大树周围的环境，将地面大致整平，为顺利起掘提供条件，并合理安排运输路线；再次，拢冠以缩小伸展面积，便于挖掘和防止枝条折损；最后，准备好挖掘工具、包装材料、吊装机械和运输车辆等。

具体的起树过程是，先确定土球大小，然后以树干为圆心，以扩坨的尺寸为半径画圆，向外侧垂直挖宽 60～80cm 的操作沟，其深度与确定的土球高度基本相等。当挖至一半深度时，则随挖随修整土球。遇到较大的侧根，应用枝剪或手锯锯断，切不可用锹剁，以免将土球振散。将土球肩部修圆滑，四周土表自上而下修平。至球高一半时，逐渐向内收缩，使土球呈上大下略小的形状。深根性树种的土球和沙壤土球应呈苹果形，浅根性树种的土球和黏性土的土球可呈扁球形。

常见的起苗方式有两种，即裸根起挖和带土球起挖（图5-9、图5-10）。

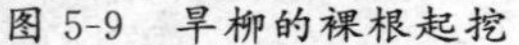
图 5-9　旱柳的裸根起挖

图 5-10　樱花的带土球起挖

（二）土球包装

土球修整好之后，先用预先湿润过的草绳将土球腰部捆绕10圈左右，两人合作边拉缠边用小木槌或砖、石敲打绳索，使绳略嵌入土球，并使绳圈相互靠紧，此称“打腰箍”。腰箍打好之后，在土球底部向下挖圈沟，并向内铲去土，直至留下1/5～1/4的心土，以便打包时草绳能兜住底部而不松脱。若为壤土和沙土，则均应用蒲包或塑料布把土球盖严，并用细绳稍加捆拢，再用草绳包扎。若为黏性土，可直接用草绳包扎。草绳包扎的方式有格子式、“井”字式和五角式（图5-11、图5-12）等。整个土球包扎好之后，将绳头绕在树干基部扎紧，最后在土球腰部再扎一道外腰箍，并打上“花扣”，使捆绑土球的草绳不能松动。土球包装的最后一道工序是封底。封底前，先顺着树木倒斜的方向，于坑底挖一道小沟，将封底用的草绳一端紧拴在土球中部的草绳上，沿小沟摆好并伸向另一侧。然后将树木轻轻推倒，用蒲包或麻袋片将露出的底部封好，交叉勒紧封底草绳即可。

（三）装运

吊运时应选用起吊、装运能力大于树重的机车，或适合现场使

图 5-11 简易包装

图 5-12 土球橘子包

用的起重机类型（图 5-13、图 5-14）。起吊时，用粗绳围于土球下部约 3/5 处，并垫以木板，另一粗绳系在树干的适当位置。树干外用蒲包或麻袋片包扎两层，使吊起的树冠略呈向上倾斜的姿态。当树木及土球不太大时，也可采用树干捆绑起吊，即从树干基部向上 1.5m 处，用双层麻袋片包裹，然后用方木紧挨着捆成一圈，用 10 号铁丝扎紧，再用钢丝绳或粗麻索在离土球 40～60cm 处扎以活结，进行起吊。当起吊高度超过卡车车厢底板时，缓慢平移至车厢上方。此时，应调整树木朝向，使土球朝前，树冠向后，再缓慢下降放稳于车厢内，用枕木将土球支稳，树干与后车厢板接触处垫以软物。解开钢丝绳套，另取绳索将树干和土球固定于车厢内，防止运输时晃动。

图 5-13 树木机械装运

图 5-14 树木装运机械

(四) 栽植

大树运至栽植地点后，仍需用吊车将树木吊起，并徐徐放入预先挖好的种植穴中（图 5-15）。当土球已经入坑穴但尚未着底，仍可转动时，把姿态最好的一面调整至主要观赏面，再使土球着地。然后用三根牵引绳索系住树干中上部，从三个方向合理用力，使树木站稳，并扶正树木，撤去吊车。先填入拌肥表土达 1/3 时，剪断捆绑土球的草绳抽出穴外，然后从四周向坑穴内填土，边填边捣实，直至填满，做好蓄水土堰。种植好后，用锥形撑架扶持固定，防止风吹摇晃而影响成活。

图 5-15　树木栽植

图 5-16　树体裹干

四、大树移植后的养护管理

移植后的养护管理，主要包括整形修剪、裹干与遮阴、浇水、喷水和防寒等。

(一) 整形修剪

如果大树在移植前未修剪，或未修剪到位，移植后应果断疏剪或短截，以减缓树冠和根部的不平衡状态。修剪后，大的剪口需涂上伤口敷料，小伤口可留待其形成层自然愈合。修剪应结合树冠结构调整进行，以使树木在恢复生长后能尽快形成较好的树冠形态。

(二) 裹干与遮阴

裹干与遮阴，是大树移植后的重要养护措施。包裹物可阻挡阳光直射木质部，防止灼伤，使温度降低 1～2℃，并可减少树木的蒸腾量。裹干，一般是指用 2～3cm 粗的草绳将树干缠绕包裹起来，一道紧挨一道，从根颈部向上缠绕，直至主枝，或裹至部分主枝以上适当部位（图 5-16）。在生长季节移栽大树，为了进一步确保大树移植成活，还须在树顶架设遮阳网，对树体进行遮阴。

（三）浇水与喷水

大树移栽后必须及时浇水，并保持土壤湿润。浇水时，可淋湿裹干草绳，提高树体环境湿度。移栽后第 1 次浇水要浇透，第 2 天再补 1 次水。以后可根据天气情况，确定是否需要浇水。一般晴天，每隔 10 天或半个月浇水 1 次。炎热夏季则须缩短浇水间隔时间。阴雨天要防止根部积水，以免影响根系生长。在天气较干旱或炎热时，还须对树冠进行喷水或喷雾（可在树冠上安装喷雾装置），降低环境温度，提高叶面空气湿度，减少树体水分消耗。维持树木根、冠水分代谢平衡，可促进树木恢复生长（图 5-17、图 5-18）。

图 5-17　大树灌溉

图 5-18　大树喷灌

（四）树体支撑

大树栽植后要立即支撑固定（图 5-19、图 5-20），预防歪斜。正三角撑最有利于树体固定，支撑点以树体高度 2/3 处为好，支撑根部应入土中 50cm 以上，方能固定。井字四角撑，具有良好的景观效果，也经常使用。

（五）越冬防寒

北方地区冬季气候寒冷，加上大树移植后抗逆能力大大降低，因此必须进行防寒，防止发生冻害，影响树木成活。防寒措施，一般是以彩条布为主要材料设立风障，在迎向寒风一侧或除向阳一侧

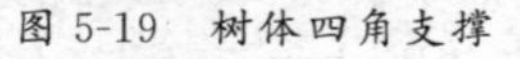

图 5-19　树体四角支撑

图 5-20　树体三角支撑

以外的三面搭设（图 5-21、图 5-22）。风障可于树木成活的第 2 年拆除。

图 5-21　大树风障（一）

图 5-22　大树风障（二）

第三节　大树移植实例——香樟大树移植

香樟，属樟科、樟属，又名樟树、乌樟、小叶樟，产于江苏、浙江、安徽南部，为我国重要的经济树种。其木材、枝、根、叶均可提制樟脑、樟油，供医药、化工、香料、防腐、杀虫等所用，种子可榨油，为制皂好原料。香樟树为常绿乔木，树形优美，喜光稍耐阴，喜温暖湿润气候，耐寒性较强，但在－18℃低温下幼枝常受冻害，对土壤要求不严，而以深厚、肥沃、湿润的微酸性黏质土最好，较耐水湿，但不耐干旱、瘠薄和盐碱土。

一、植前预处理

（一）切根促根

为了提高成活率，移植前应保证在带走的根幅内有足够的吸收根系，使栽植后植株能很快达到水分平衡，一般对大型香樟在移植前（1～3 年或数月）进行“切根促根”处理。

1. 适用范围

对于主干直径在 10cm以下，并经过 1～2 次移植的大苗，主要按常规要求挖掘土球移栽，不需进行切根促根处理。对于 4～8 年未移栽过，或自苗期移栽过 1 次的干径大于 20cm 的植株，必须先进行切根促根处理。

2. 切根范围

一般应根据主干直径的大小来确定切根范围，通常土球直径应不小于被移树主干直径的 5～6 倍，有时考虑到立地条件等因素可达 6～8 倍。

3. 切根时间

一般安排在早春或秋末冬初进行，以利于截面愈合和促发新根。

（二）截干缩枝

通过为期 2～3 年的“四面切根”和 2～3 年的“培育生根”的香樟大树，在起挖前还应对大树进行适当修剪，加大根径比，降低叶面蒸腾，保持水分平衡。若用作行道树，主干控制在 3.0～3.5m，粗大侧枝保留 0.3～0.5m；若用作公园绿地孤植树木，高度可达 4.5～6.0m，甚至更高，并尽可能保留粗大侧枝。

二、移植

1. 起球包扎（装箱）

一般在土球开挖前应标记好树干的南北向，以便在定植时按原来的方向栽种，提高成活率（防止原背阴面树皮在夏季遭日灼，原阳面干皮在冬季被冻伤）。

根据土球直径不小于主干直径5～6倍（一般为7～10倍）的要求，先铲去土兜上层浮土，以见到密集交错的根系为度；再在四周开挖槽沟，注意保护好截根后的新萌生须根。土球高度必须包括大量的根群在内，生产上土球高度常为其直径的2/3，可控制在80～100cm。挖土时应边挖边用草绳缠绕包扎，以保证土球不散。土球常用包扎法有井字包法、五角星法、橘子包法等。当土球过大、树干过粗或需要长距离运输时，可采用木箱包装法。

2. 包封截面

在香樟放倒后，在移植前对主干和较大侧枝缩剪后的伤口进行包封处理，可有效防止断面水分的损耗和切口杂菌感染引起的断面霉烂，对保证移植树木的成活起重要作用。包扎方法有两种，一是用干净的塑料膜包扎；二是用石蜡涂封截口。

3. 树干保湿

为防止树干水分的蒸发，提高樟树成活率，对树干进行裹草保湿是关键。树干保湿的方法为裹草绑膜，即先用草帘或直接用稻草将树干裹好，然后用细草绳将其固定在树干上，接着用水管或喷雾器将稻草喷湿（或先喷湿后包裹），继之用塑料薄膜包于草帘或稻草的外层，并再用塑料绑扎带将它们捆扎在树干上。树干下部近土球处在浇透水后，适当铺些薄膜保湿（图5-23）。

4. 栽植

在挖好的栽植穴底部加入基肥后，用土堆堆成10～20cm的小土堆，然后吊装大树入穴，使土球立在土堆上，再拆除草绳等包装材料，填入表土或与适量有机肥拌匀后的肥沃土壤，后填心土，每填10～20cm夯实。栽植后土球表面应比地面高2～3cm或仅以土球高度的4/5入穴内，然后再在四周培一个高30cm的土围子，并浇透水。

三、栽后养护

1. 及时整形修剪

香樟大树移栽好后，视每棵树的具体情况，进行合理的整形修

图 5-23 香樟保湿

图 5-24 香樟裹干防寒

剪。若土球、树皮有损伤的还要多疏除一些枝条，甚至把全部枝条摘掉，以减少蒸腾，促进新芽萌发。

2. 适时补充水分

移栽完成后，水分管理十分重要，当发现树蔸周围塑料薄膜覆盖下的土壤发白时，要及时浇水；发现树干上缠绕的草绳或包裹的稻草干燥时，也要打开上端，补充浇水后再捆上，并始终使草绳处于湿润状态。盛夏季节，香樟已抽出不少枝叶时，可每天早晚在树冠上各喷水 1 次，以增湿降温。

3. 疏芽蓄枝

当香樟大树开始大量萌芽抽条时，要疏除过分繁密的枝芽，并且同时有意培养侧枝，以争取早日形成丰满的树冠外形。对于独立主干无分枝者，从不同角度保留粗壮的枝条 4～6 个；对于主干上保留分杈侧枝的则在每个侧枝上保留二级侧枝 3～5 个。

4. 抗寒防冻

新栽香樟的抗寒防冻措施不可忽视。提倡适地适树，尽量避免“南樟北移”；当年春天移栽的大树，冬天不要拆掉草帘或草绳，到次年春天再松绑，翌冬重新缠绳防寒，以使其逐渐适应移植地的气温条件。对于新抽条的粗大绿色侧枝，可通过“裹草绑膜”来防寒，直到其外皮粗厚呈灰褐色才可安全过冬（图 5-24）。

5. 防治虫害

香樟移栽后遇到持续干旱的天气，新萌生的幼芽嫩叶易遭受蚜虫危害，可用 40%乐果乳油 2000 倍液喷杀；生长季节香樟易受樟叶蜂、樟巢螟、绿刺蛾的危害，严重时可将嫩芽啃光，叶子吃尽，可用 40%乐果乳油、2.5%敌杀死乳油 1500～2000 倍液或 90%晶体敌百虫喷杀；当树干上发现蛀干性樟天牛危害时，可在虫孔处插入毒签（或铁丝）进行刺杀或钩杀，也可注入 80%敌敌畏 200 倍液或 25%亚胺硫磷乳油 200～250 倍液进行堵杀。

大型香樟移植后，再经过切根促根、截干缩枝、起球包扎、包封截面、疏芽蓄枝和裹草绑膜等措施的精心护理，其移植成活率得到很大提高。

第六章

常见观赏乔木培育技术

一、雪松

（1）学名　*Cedrus deodara*（Roxb.）G. Don

（2）科属　松科雪松属。

（3）树种简介　乔木，高达30m左右，胸径可达3m；树皮深灰色，裂成不规则的鳞状片；枝平展、微斜展或微下垂，基部宿存芽鳞向外反曲，小枝常下垂，1年生枝淡灰黄色，密生短茸毛，微有白粉，2～3年生枝呈灰色、淡褐灰色或深灰色。叶在长枝上辐射伸展，短枝之叶成簇生状（每年生出新叶15～20枚），叶针形，坚硬，淡绿色或深绿色，长2.5～5cm，宽1～1.5mm，上部较宽，先端锐尖，下部渐窄，常呈三棱形，稀背脊明显，叶之腹面两侧各有2～3条气孔线，背面4～6条，幼时气孔线有白粉。雄球花长卵圆形或椭圆状卵圆形，长2～3cm，径约1cm；雌球花卵圆形，长约8mm，径约5mm。球果成熟前淡绿色，微有白粉，熟时红褐色，卵圆形或宽椭圆形，长7～12cm，径5～9cm，顶端圆钝，有短梗；中部种鳞扇状倒三角形，长2.5～4cm，宽4～6cm，上部宽圆，边缘内曲，中部楔状，下部耳形，基部爪状，鳞背密生短茸毛；苞鳞短小；种子近三角状，种翅宽大，较种子为长，连同种子长2.2～3.7cm（图6-1～图6-4，见彩图）。

（4）繁殖方法　一般用播种（图6-5）和扦插繁殖（图6-6）。播种可于3月中、下旬进行，播种量为75kg/hm^2。也可提早播种，以增加幼苗抗病能力。选择排水、通气良好的沙质壤土作为苗床。播种前，用冷水浸种1～2天，晾干后即可播种，3～5天后开始萌动，可持续1个月左右，发芽率达90%。幼苗期需注意遮阴，并防治猝倒病和地老虎的危害。1年生苗可达30～40cm高，翌年春季即可移植。扦插繁殖在春、夏两季均可进行。春季宜在3月20日前进行，夏季以7月下旬为佳。春季，剪取幼龄母树的1年生粗壮枝条，用生根粉或500mg/L萘乙酸处理，能促进生根。然后将其插于透气良好的沙壤土中，充分浇水，搭双层荫棚遮阴。夏季宜选取当年生半木质化枝作为插穗。在管理上除加强遮阴外，还

图 6-1　雪松全株

图 6-2　雪松花果

图 6-3　雪松幼苗

图 6-4　雪松盆景

要加盖塑料薄膜以保持湿度。插后 30～50 天，可形成愈伤组织，这时可以用 0.2%尿素和 0.1%磷酸二氢钾溶液进行根外施肥。

（5）整形修剪　雪松树体高大耸直，侧枝平垂舒展，制作盆景时须利用其自然形态，树形以直干式、双干式、斜干式、丛林式为

图 6-5　保育基盘法育雪松苗　　　　图 6-6　雪松嫩枝扦插生根

好。枝叶通过扎剪，可做成层片状或云片状，养护多年，即可成刚柔兼蓄、姿态优雅的盆景佳品。

(6) 栽培管理

① 选盆：作盆栽时，雪松宜用紫砂陶盆，也可用釉陶盆。大型盆景可用深圆形盆，亦可用各种凿石盆，但须用金属丝固定根底。中型盆景宜用海棠形、马槽形盆，小苗合栽丛林式可用白矾石或大理石等凿石浅盆。

② 用土：雪松可用土质疏松、排水良好的微酸性沙质壤土。盆栽常用熟化的田园土或腐叶土掺沙使用。

③ 栽种：以春季 3～4 月为宜，秋后亦可。从地上挖取的雪松苗木需带宿土，以利于成活。并疏剪枯根，将须根舒展开来，覆以细土，轻轻摇动盆钵，稍按实，使盆土与根系贴紧。

二、白皮松

(1) 学名　*Pinus bungeana* Zucc

(2) 科属　松科松属。

(3) 树种简介　乔木，高达 30m，胸径可达 3m；有明显的主干，或从树干近基部分成数干；枝较细长，斜展，形成宽塔形至伞形树冠；幼树树皮光滑，灰绿色，长大后树皮成不规则的薄块片脱落，露出淡黄绿色的新皮，老则树皮呈淡褐灰色或灰白色，裂成不规则的鳞状块片脱落，脱落后近光滑，露出粉白色的内皮，白褐相间成斑鳞状；1年生枝灰绿色，无毛；冬芽红褐色，卵圆形，无树脂。针叶3针一束，粗硬，长5～10cm，径1.5～2mm，叶背及腹面两侧均有气孔线，先端尖，边缘有细锯齿；横切面扇状三角形或宽纺锤形，单层皮下层细胞，在背面偶尔出现1～2个断续分布的第二层细胞，树脂道6～7，边生，稀背面角处有1～2个中生；叶鞘脱落。雄球花卵圆形或椭圆形，长约1cm，多数聚生于新枝基部成穗状，长5～10cm。球果通常单生，初直立，后下垂，成熟前淡绿色，熟时淡黄褐色，卵圆形或圆锥状卵圆形，长5～7cm，径4～6cm，有短梗或几无梗；种鳞矩圆状宽楔形，先端厚，鳞盾近菱形，有横脊，鳞脐生于鳞盾的中央，明显，三角状，顶端有刺，刺之尖头向下反曲，稀尖头不明显；种子灰褐色，近倒卵圆形，长约1cm，径5～6mm，种翅短，赤褐色，有关节易脱落，长约5mm；子叶9～11枚，针形，长3.1～3.7cm，宽约1mm，初生叶窄条形，长1.8～4cm，宽不及1mm，上下面均有气孔线，边缘有细锯齿。花期4～5月，球果第二年10～11月成熟（图6-7～图6-11，见彩图）。

白皮松为中国特有树种，产于山西（吕梁山、中条山、太行山）、河南西部、陕西秦岭、甘肃南部及天水麦积山、四川北部江油观雾山及湖北西部等地。苏州、杭州、衡阳等地均有栽培。

(4) 繁殖方法

① 播种繁殖：白皮松一般多用播种繁殖，育苗地应选择排水良好、地势平坦、土层深厚的沙壤土。早春解冻后立即播种，可减少松苗立枯病。由于怕涝，应采用高垄播种（图6-12），播前浇足底水，每10m^{2}用1kg左右种子，可产苗1000～2000株。撒播后覆土1～1.5cm，罩上塑料薄膜，可提高发芽率。待幼苗出齐后，逐渐加大通风时间，以至全部去掉薄膜。播种后幼苗带壳出土，约20天自行脱落，这段时间要防止鸟害。幼苗期应搭棚遮阴，防止日灼，入冬前要埋土防寒。小苗主根长，侧根稀少，故移栽时应少伤侧根，否则易枯死。

② 嫁接繁殖：如采用嫩枝嫁接繁殖，应将白皮松嫩枝嫁接到

图 6-7 白皮松全株

图 6-8 多主干白皮松

图 6-9 白皮松茎干斑驳状

图 6-10 白皮松枝叶

油松大龄砧木上（图 6-13）。白皮松嫩枝嫁接到 3～4 年生油松砧木上，一般成活率可达 85%～95%，且亲和力强，生长快。接穗应选生长健壮的新梢，其粗度以 0.5cm 为好。

2 年生苗裸根移植时要保护好根系，避免其根系吹干损伤，应随掘随栽，以后每数年要转垛 1 次，以促生须根，有利于定植成

图 6-11　白皮松种子

图 6-12　白皮松高垄播种

图 6-13　白皮松嫁接

活。一般绿化都用 10 年生以上的大苗。移植以初冬休眠时和早春开冻时最佳，用大苗时必须带土球移植，栽植胸径 12cm 以下的大苗，需挖一个高 120cm、直径 150cm 的土球，用草绳缠绕固土，搬运过程中要防止土球破碎，种植后要立桩缚扎固定。

(5) 整形修剪　白皮松幼龄期多在冬季修剪，使其尽快形成主枝排列整齐、短枝密生的广圆锥形树冠。主要任务是控制中心主枝上端竞争枝的数量和长势，对夹角小、生长旺的竞争枝要及时疏除，以延缓中主枝的生长速度。

(6) 栽培管理　白皮松幼苗应以基肥为主，追肥为辅。从5月中旬到7月底的生长旺期进行2～3次追肥，以氮肥为主，追施腐熟的人粪尿或猪粪尿，每亩300kg，加水200kg左右，腐熟饼肥每亩5～15kg，对成饼肥水1500kg左右，每亩施尿素4kg左右。生长后期停施氮肥，增施磷、钾肥，以促进苗木木质化，还可用0.3%～0.5%磷酸二氢钾溶液喷洒叶面。

白皮松幼苗生长缓慢，宜密植，如需继续培育大规格大苗，则在定植前还要经过2～3次移栽。2年生苗可在早春顶芽尚未萌动前带土移栽，株行距20～60cm，不伤顶芽，栽后连浇2次水，6～7天后再浇水。4～5年生苗，可进行第2次带土球移栽，株行距60～120cm。成活后要保持树根周围土壤疏松，每株施腐熟有机肥100～120kg，埋土后浇透水，之后加强管理，促进生长，培育壮苗。

三、油松

(1) 学名　*Pinus tabuliformis* Carrière

(2) 科属　松科松属。

(3) 树种简介　油松为乔木，高达25m，胸径可达1m以上；树皮灰褐色或褐灰色，裂成不规则较厚的鳞状块片，裂缝及上部树皮红褐色；枝平展或向下斜展，老树树冠平顶，小枝较粗，褐黄色，无毛，幼时微被白粉；冬芽矩圆形，顶端尖，微具树脂，芽鳞红褐色，边缘有丝状缺裂。针叶2针一束，深绿色，粗硬，长10～15cm，径约1.5mm，边缘有细锯齿，两面具气孔线；横切面半圆形，二型层皮下层，在第一层细胞下常有少数细胞形成第二层皮下层，树脂道5～8或更多，边生，多数生于背面，腹面有1～2个，稀角部有1～2个中生树脂道，叶鞘初呈淡褐色，后呈淡黑褐色。

雄球花圆柱形，长1.2～1.8cm，在新枝下部聚生成穗状。球果卵形或圆卵形，长4～9cm，有短梗，向下弯垂，成熟前绿色，熟时淡黄色或淡褐黄色，常宿存树上近数年之久；中部种鳞近矩圆状倒卵形，长1.6～2cm，宽约1.4cm，鳞盾肥厚、隆起或微隆起，扁菱形或菱状多角形，横脊显著，鳞脐凸起有尖刺；种子卵圆形或长卵圆形，淡褐色有斑纹，长6～8mm，径4～5mm，连翅长1.5～1.8cm；子叶8～12枚，长3.5～5.5cm；初生叶窄条形，长约4.5cm，先端尖，边缘有细锯齿。花期4～5月，球果第2年10月成熟（图6-14～图6-17，见彩图）。

油松为喜光、深根性树种，喜干冷气候，在土层深厚、排水良好的酸性、中性或钙质黄土上均能生长良好。

油松为中国特有树种，产于吉林南部、辽宁、河北、河南、山东、山西、内蒙古、陕西、甘肃、宁夏、青海及四川等省区，生于海拔100～2600m地带，多组成单纯林。其垂直分布由东到西、由北到南逐渐增高。辽宁、山东、河北、山西、陕西等地有人工林。

图6-14　油松全株

图6-15　油松新叶

（4）繁殖方法　油松可在平地固定苗圃育苗（图6-18），也可在山地临时苗圃育苗，还可用容器育苗（图6-19）。常规育苗地应选择排水良好、灌溉方便、土层深厚的沙壤土或壤土。土壤酸碱度为微酸性或中性。育苗地应深翻整平，施入基肥，以厩肥、堆肥等有机肥为主，拌入适量过磷酸钙（$15kg/667m^2$）。在施肥的同时可混用硫酸亚铁（$5kg/667m^2$）进行土壤消毒。油松一般采用高床育苗，也可采用高垄育苗。播种季节春秋均可，一般以春播为好，时间掌握上应宁早毋晚。播前要进行种子消毒及催芽处理。通常用0.5%的福尔马林溶液浸泡15～30min，或用0.5%高锰酸钾溶液

图 6-16　油松茎干

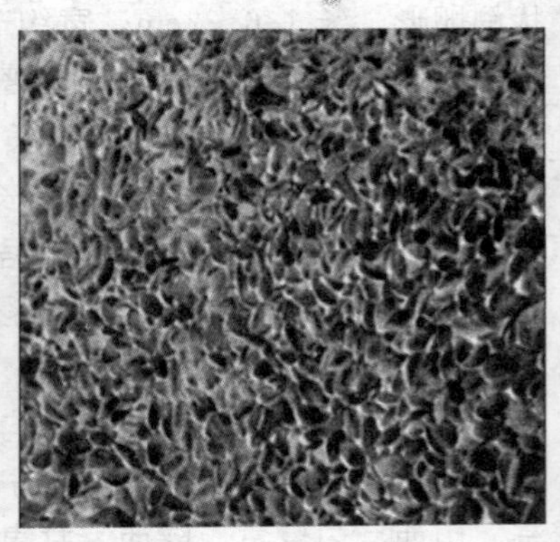

图 6-17　油松种子

图 6-18　油松的固定苗圃育苗

图 6-19　油松容器育苗

浸泡 2h（用 2%高锰酸钾溶液浸 30min 也可），然后进行催芽处理。催芽方法有多种，最常用的是在播前 1 个月用混湿沙埋藏法或层积催芽法处理，定期翻动调查，待种子有 1/3 裂嘴时即可用来播种。播种量 15～20kg/667m^2，覆土厚度 1～1.5cm，覆土后稍加镇压。在灌足底水的前提下，一般在播种后出苗前不必灌水，也不必覆盖。可在床面喷土壤增温剂以保持水分，提高地温，加速发芽。在保水性差的沙地苗圃，有时必须在播后灌溉才能保证发芽，宜用喷灌或侧方灌溉。在发芽出土后、种壳脱落前要注意防鸟害。油松幼苗宜适当密生，以播种沟留苗 100～150 株/m 较为合适。加强幼苗期松土、除草和灌溉、追肥，前期用氮肥，后期用磷、钾肥，以加速苗木生长，提高成苗率。油松容器育苗地选择向阳背风、靠近水源、靠近造林地的地段，小规模育苗可利用村旁、沟边隙地。土地经翻耕后筑成低床或平床。用旧报纸、塑料薄膜制作容器或直接用木模。铁皮模压制营养杯（钵），规格为高 7～10cm，直径 4～7cm，上面留一直径 2cm、深 1cm 的种窝。营养土以火烧土 60%、山坡心土 30%、过磷酸钙 10%的效果最好。将营养杯（袋）整齐排列在苗床上（先铺 5cm 左右的细沙），每杯播 7～8 粒种子，播后覆沙填缝盖面，超出杯面 1cm。以后要常喷水，保持营养土湿润。

(5) 整形修剪　把一些影响树木生长发育，破坏树形结构，扰乱树形，遭受病虫危害的多年生大枝，甚至是骨干枝先行锯截，使树木基本达到整形修剪的目的与要求（图 6-20）。

图 6-20　整形后的油松大苗

在树体的结构形态基本符合目的要求的基础上，再对各个主、侧枝进行具体修剪，遵循留壮不留弱、留外不留内的原则，运用短截、疏枝等技术，使树木的整形更加完善。

修剪基本完成后，对整个树体进行认真复查，对错剪、漏剪的地方给予修正或补剪，从群体角度出发，检查相邻树木间相互有何影响并进行调整。

(6) 栽培管理

① 油松苗圃地选择：选择地势平坦、灌溉方便、排水良好、土层深厚肥沃的中性（pH 值 6.5～7.0）沙壤土或壤土为苗圃地。宜选择前茬作物为油松、栎类、杨树、柳树、紫穗槐及其他一些针叶树种茬地为苗圃地，也可新开垦荒地育苗，避免在前茬作物为刺槐、榆树、君迁子等树种和白菜、马铃薯等菜地茬口上育苗。

② 油松整地施肥：育苗前必须整地。苗圃整地以秋季深耕为宜，深度在 20～30cm，深耕后不耙。第 2 年春季土壤解冻后每公顷施入堆肥、绿肥、厩肥等腐熟有机肥 40000～50000kg，并施过磷酸钙 300～375kg。再浅耕 1 次，深度在 15～20cm，随即耙平。

③ 油松做床：做床前 3～5 天灌足底水，将圃地平整后做床。一般采用平床。苗床宽 1～1.2m，两边留好排灌水沟及步道，步道宽 30～40cm，苗床长度根据圃地情况确定。在气候湿润或有灌溉条件的苗圃可采用高床。苗床高出步道 15～20cm，床面宽 30～100cm，苗床长度根据圃地情况确定。在干旱少雨、灌溉条件差的苗圃可采用低床育苗。床面低于步道 15～20cm，其余与平床要求相同。

④ 抚育管理：油松栽上后，在 1 周内浇 2 次水，以后可松土、保墒，到 5 月初再浇 1 次，以后天气不旱不浇，到 6 月可施 1 次肥，8 月施 1 次硫酸亚铁。在株边挖坑点施。在松土锄草方面，可 20 天进行 1 次，要求认真细致，一般深达 4～5cm，要求锄匀，土松无坷垃，草锄净、拾净。

四、华山松

(1) 学名　*Pinus armandii* Franch

(2) 科属　松科松属。

(3) 树种简介　华山松是乔木，高达 35m，胸径 1m；幼树树皮灰绿色或淡灰色，平滑，老则呈灰色，裂成方形或长方形厚块片固着于树干上，或脱落；枝条平展，形成圆锥形或柱状塔形树冠；1 年生枝绿色或灰绿色（干后褐色），无毛，微被白粉；冬芽近圆柱形，褐色，微具树脂，芽鳞排列疏松。针叶 5 针一束，稀 6～7 针一束，长 8～15cm，径 1～1.5mm，边缘具细锯齿，仅腹面两侧各具 4～8 条白色气孔线；横切面三角形，单层皮下层细胞，树脂道通常 3 个，中生或背面 2 个边生、腹面 1 个中生，稀具 4～7 个树脂道，则中生与边生兼有；叶鞘早落。子叶 10～15 枚，针形，横切面三角形，长 4～6.4cm，径约 1mm，先端渐尖，全缘或上部棱脊微具细齿；初生叶条形，长 3.5～4.5cm，宽约 1mm，上下两面均有气孔线，边缘有细锯齿。

雄球花黄色，卵状圆柱形，长约 1.4cm，基部围有近 10 枚卵状匙形的鳞片，多数集生于新枝下部呈穗状，排列较疏松。

球果圆锥状长卵圆形，长 10～20cm，径 5～8cm，幼时绿色，成熟时黄色或褐黄色，种鳞张开，种子脱落，果梗长 2～3cm；中部种鳞近斜方状倒卵形，长 3～4cm，宽 2.5～3cm，鳞盾近斜方形或宽三角状斜方形，不具纵脊，先端钝圆或微尖，不反曲或微反曲，鳞脐不明显；种子黄褐色、暗褐色或黑色，倒卵圆形，长 1～1.5cm，径 6～10mm，无翅或两侧及顶端具棱脊，稀具极短的木质翅（图 6-21～图 6-24，见彩图）。花期 4～5 月，球果第 2 年 9～10 月成熟。

图 6-21　华山松全株

图 6-22　华山松枝叶和果实

华山松为阳性树，但幼苗略喜一定庇荫。喜温和凉爽、湿润气

图 6-23　华山松茎干

图 6-24　华山松的花

候，自然分布区年平均气温多在15℃以下，年降水量600～1500mm，年平均相对湿度大于70%。耐寒力强，在其分布区北部，甚至可耐－31℃的绝对低温。不耐炎热，在高温季节长的地方生长不良。喜排水良好，能适应多种土壤，最宜深厚、湿润、疏松的中性或微酸性壤土。不耐盐碱土，耐瘠薄能力不如油松、白皮松。

华山松产于中国山西南部中条山（北至沁源，海拔1200～1800m）、河南西南部及嵩山、陕西南部秦岭（东起华山，西至辛家山，海拔1500～2000m）、甘肃南部（洮河及白龙江流域）、四川、湖北西部、贵州中部及西北部、云南及西藏雅鲁藏布江下游海拔1000～3300m地带。江西庐山、浙江杭州等地有栽培。

（4）繁殖方法　常见播种繁殖。播种前对种子进行消毒和催芽处理，种子消毒用50%多菌灵800倍液；催芽用50℃温水浸种，自然冷却后浸泡24h，取出晾干，每袋播种2～3粒，播种深度约1cm，播种时间宜在清明前后。播种后用塑料薄膜覆盖保湿保温，出苗比较整齐。

（5）整形修剪　华山松的修剪一年四季都可以进行，但主要是冬、夏两季。夏季修剪主要是在生长期，时间范围是从春季萌发新梢开始，到秋末停止生长为止。修剪华山松时还应注意顶部侧芽应留在枝条的外侧，让新生枝条向外生长，这样可以使树形优美。另华山松还可作盆景栽培。华山松的加工造型可以攀扎为主，修剪为辅。攀扎用金属丝或棕丝。华山松枝条较为柔软，用金属丝攀扎简便易行，屈伸自如。如取2～3年生幼树苗为材料，将主干作一定的弯曲，剪去碍于造型的枝干，再将保留的侧枝攀扎成水平状或略下垂状，生长1年后再拆除金属丝，重新调整角度，再行攀扎，数年后即可成型。

如山野采掘的华山松树桩，养胚1年后方可上盆加工。整姿造型须因材处理，充分利用原材料的自然形态，稍加人工攀扎，使其具有自然的野趣。

华山松盆景可制成直干式、斜干式、曲干式、悬崖式等，各具韵味（图6-25、图6-26）。直干式，苍劲挺拔古朴；斜干式，潇洒苍健道劲；曲干式，“曲屈弯弯回蟠势，蜿蜒起伏蛟龙形”；悬崖式，壑崖古松，苍龙探首，欲潜四海等。

图6-25 华山松盆景

图6-26 华山松盆景

（6）栽培管理

① 除草：本着除早、除小、除了的原则，做到容器内、床面和步道无杂草，除草时要防止松动苗根。

② 浇水：在种子发芽阶段，要特别注意保持基质湿润，防止

由于缺水造成已发芽的种子回芽死亡；由于营养袋内土壤少，抗旱力弱，干旱季节应及时补充水分，以满足苗木正常生长对水分的需求，浇要浇透，宜早、晚进行。

③ 施肥：出苗20天后，施用磷酸二氢钾铵，按0.2%的浓度喷施叶面，前期不能直接施用颗粒性肥料，否则会烧根；速生期按N∶P∶K=3∶2∶1配制混合肥料，稀释成0.6%的浓度浇灌，追肥宜在傍晚进行，不得在中午高温时追肥，以免出现肥害；苗木硬化期，只施磷、钾肥，不再施氮肥。

④ 间苗、补苗：幼苗长到5cm左右开始间苗、补苗，每个容器内保留1株苗木，选择在阴雨天进行，间苗、补苗后要随即浇水。

⑤ 遮阴：6～8月光照过强、气温过高时用50%遮阳网遮阴，防止土温过高，引起立枯病及其他病害。

五、侧柏

(1) 学名　*Platycladus orientalis* (L.) Franco

(2) 科属　柏科侧柏属。

(3) 树种简介　乔木，高达20余米，胸径1m；树皮薄，浅灰褐色，纵裂成条片；枝条向上伸展或斜展，幼树树冠卵状尖塔形，老树树冠则为广圆形；生鳞叶的小枝细，向上直展或斜展，扁平，排成一平面。叶鳞形，长1～3mm，先端微钝，小枝中央的叶露出部分呈倒卵状菱形或斜方形，背面中间有条状腺槽，两侧的叶船形，先端微内曲，背部有钝脊，尖头的下方有腺点。雄球花黄色，卵圆形，长约2mm；雌球花近球形，径约2mm，蓝绿色，被白粉。球果近卵圆形，长1.5～2（2.5）cm，成熟前近肉质，蓝绿色，被白粉，成熟后木质，开裂，红褐色；中间两对种鳞倒卵形或椭圆形，鳞背顶端的下方有一向外弯曲的尖头，上部1对种鳞窄长，近柱状，顶端有向上的尖头，下部1对种鳞极小，长达13mm，稀退化而不显著（图6-27～图6-30，见彩图）。

侧柏喜光，幼时稍耐阴，适应性强，对土壤要求不严，在酸

图 6-27　侧柏全株及树形

图 6-28　侧柏枝干

图 6-29　侧柏枝叶

图 6-30　侧柏花果

性、中性、石灰性和轻盐碱土壤中均可生长。耐干旱瘠薄，萌芽能力强，耐寒力中等，耐强太阳光照射，耐高温，浅根性，在山东只分布于海拔 900m 以下，以海拔 400m 以下者生长良好。抗风能力较弱。

产于我国内蒙古南部、吉林、辽宁、河北、山西、山东、江苏、浙江、福建、安徽、江西、河南、陕西、甘肃、四川、云南、贵州、湖北、湖南、广东北部及广西北部等省区。西藏德庆、达孜等地有栽培。

（4）繁殖方法　侧柏常见繁殖方法为播种繁殖。多采用高床或高垄育苗，一般播种前要灌透底水。然后用手推播种磙或手工开沟条播。播种时垄播，垄底宽 60cm，垄面宽 30cm，垄高 12～15 厘。每垄可播双行或单行，双行条播播幅 5cm，单行宽幅条播播幅12～15cm。床作播种，一般床长 10～20m，床面宽 1m，床高 15cm，每床纵向（顺床）条播 3～5 行，播幅 5～10cm。横向条播，播幅 3～5cm，行距 10cm。播种时开沟深浅要一致，下种要均匀，播种后及时覆土 1～1.5cm。再进行镇压，使种子与土壤密接，以利于种子萌发（图 6-31、图 6-32，见彩图）。在干旱风沙地区，为利于土壤保墒，有条件时可覆土后覆草。

图 6-31　侧柏种子

图 6-32　侧柏播种苗

（5）整形修剪　一般而言，对松柏类树种多不进行修剪整形或仅采取自然式整形的方式，每年仅将病枯枝剪除即可。在园林局部中亦有行人工形体式整形的。在大面积绿化成林栽植中，值得注意的是“打枝”问题。因为松柏类的自然疏枝活动过程较慢，所以常实行人工打枝工作。衰弱枝剪除，有利通风、透光、减少病虫感染率，且有利于形成无节疤的良材，并能适当产生一些薪炭材供给附近居民。

（6）栽培管理　幼苗出土后，要设专人看雀。幼苗出齐后，立刻喷洒 0.5%～1%波尔多液，以后每隔 7～10 天喷 1 次，连续喷洒 3～4 次，可预防立枯病的发生。

幼苗生长期要适当控制注水，以促进根系生长发育。苗木速生期即 6 月中、下旬以后恰处于雨季之前的高温干旱时期，气温高而降雨量少，要及时浇灌，适当增添注水次数，浇灌量也逐步增多，依据土壤墒情每 10～15 天浇灌 1 次，以一次灌透为原则，采取喷灌或侧方注水为宜。进入雨季后减少浇灌，并应注意排水防涝，做到内水不积，外水不侵进。

苗木速生期结合浇灌进行追肥，一般全年追施硫酸铵 2～3 次，每次亩施硫酸铵 4～6kg，在苗木速生前期追第 1 次，间隔半个月后再追施 1 次。也可用腐熟的人粪尿追施。每次追肥后必须及时浇水冲洗净，以防烧伤苗木。

侧柏幼苗时期能耐一定荫庇，适当密留，在苗木过密影响生长的情况下，及时间去细弱苗、病虫害苗和双株苗，一般当幼苗高 3～5cm 时进行两次间苗，定苗后每平方米床面留苗 150 株左右，则每亩产苗量可达 15 万株。

苗木生长期要及时除草松土，要做到“除早、除小、除了”。目前，多采取化学药剂除草，用 35%除草醚（乳油），每平方米用药 2ml，加水稀释后喷洒。第 1 次喷药在播种后或幼苗出土前，相隔 25 天后再喷洒第 2 次，连续 2～3 次，可基本消灭杂草。每亩用药量每次 0.8kg。当表土板结影响幼苗生长时，要及时疏松表土，松土深度 1～2cm，宜在降雨或浇水后进行，注意不要碰伤苗木根系。

侧柏苗木越冬要进行苗木防寒。在冬季严寒多风的地区，一般于土壤封冻前灌封冻水，然后采取埋土防寒或夹设防风障防寒，也可覆草防寒。生产实践标明，埋土防寒效果最好，既简便省工，又有利于苗木安全越冬。但应注意，埋土防寒时间不宜过早，一般在土壤封冻前的立冬前后进行；而撤防寒土又不宜过迟，多在土壤化冻后的清明前后分两次撤除；撤土后要及时灌足返青水，以防春旱风大，引起苗梢失水枯黄。

侧柏是我国应用最广泛的园林绿化树种之一，自古以来就常栽植于寺庙、陵墓和庭园中。如在北京天坛，大片的侧柏和桧柏与皇穹宇、祈年殿的汉白玉栏杆以及青砖石路形成强烈的烘托，充分地突出了主体建筑，明确地表达了主题思想。大片的侧柏营造出了肃静清幽的气氛，而祈年殿、皇穹宇及天桥等在建筑形式、色彩上与柏墙相互呼应，巧妙地表达了“大地与天通灵”的主题（图 6-33）。

图 6-33　北京天坛公园祈年殿外的侧柏树

六、圆柏

（1）学名　*Sabina chinensis*（L.）Ant.

（2）科属　柏科圆柏属。

（3）树种简介　乔木，高达 20m，胸径达 3.5m；树皮深灰色，纵裂，成条片开裂；幼树的枝条通常斜上伸展，形成尖塔形树冠，老则下部大枝平展，形成广圆形的树冠；树皮灰褐色，纵裂，裂成不规则的薄片脱落；小枝通常直或稍呈弧状弯曲，生鳞叶的小枝近圆柱形或近四棱形，径 1～1.2mm。叶两型，即刺叶及鳞叶；刺叶生于幼树之上，老龄树则全为鳞叶，壮龄树兼有刺叶与鳞叶；生于 1 年生小枝的一回分枝的鳞叶三叶轮生，直伸而紧密，近披针形，先端微渐尖，长 2.5～5mm，背面近中部有椭圆形微凹的腺体；刺叶三叶交互轮生，斜展，疏松，披针形，先端渐尖，长 6～12mm，上面微凹，有两条白粉带。雌雄异株，稀同株，雄球花黄色，椭圆形，长 2.5～3.5mm，雄蕊 5～7 对，常有 3～4 个花药。球果近圆球形，径 6～8mm，2 年成熟，熟时暗褐色，被白粉或白粉脱落。有 1～4 粒种子，种子卵圆形，扁，顶端钝，有棱脊及少数树脂槽；子叶 2 枚，出土后条形，长 1.3～1.5cm，宽约 1mm，先端锐尖，下面有两条白色气孔带，上面则不明显（图 6-34～图 6-37，见彩图）。

图 6-34　圆柏全株

图 6-35　圆柏的两种叶形

圆柏为喜光树种，较耐阴，喜温凉、温暖气候及湿润土壤。在华北及长江下游海拔 500m 以下、中上游海拔 1000m 以下排水良好之山地可选用造林。忌积水，耐修剪，易整形。耐寒、耐热，对土壤要求不严，能生于酸性、中性及石灰质土壤上，对土壤干旱及潮湿均有一定的抗性。但以在中性、深厚而排水良好处生长最佳。深根性，侧根也很发达。

圆柏产于我国内蒙古乌拉山、河北、山西、山东、江苏、浙

图 6-36　圆柏花穗

图 6-37　圆柏花果

江、福建、安徽、江西、河南、陕西南部、甘肃南部、四川、湖北西部、湖南、贵州、广东、广西北部及云南等地。生于中性土、钙质土及微酸性土，各地亦多栽培，西藏也有栽培。朝鲜、日本也有分布。

（4）繁殖方法　常见播种繁殖（图 6-38）。播种前首先要对种子进行挑选，种子选得好不好，直接关系到播种能否成功。对于用手或其他工具难以夹起来的细小种子，可以把牙签的一端用水蘸湿，把种子一粒一粒地粘放在基质的表面上，覆盖基质 1cm 厚，然后把播种的花盆放入水中，水的深度为花盆高度的 1/2～2/3，让水慢慢地浸上来（这个方法称为“盆浸法”）；对于能用手或其他工具夹起来的种粒较大的种子，直接把种子放到基质中，按 3cm×5cm 的间距点播。播后覆盖基质，覆盖厚度为种粒的 2～3 倍。播后可用喷雾器、细孔花洒把播种基质质淋湿，以后当盆土略干时再淋水，仍要注意浇水的力度不能太大，以免把种子冲起来。在深秋、早春或冬季播种后，遇到寒潮低温时，可以用塑料薄膜把花盆包起来，以利保温保湿；幼苗出土后，要及时把薄膜揭开，并在每天上午 9:30 之前，或者在下午 3:30 之后让幼苗接受光照，否则幼苗会生长得非常柔弱；大多数的种子出齐后，需要适当间苗：把有病的、生长不健康的幼苗拔掉，使留下的幼苗相互之间有一定的空间；当大部分幼苗长出 3 片或 3 片以上的叶子后就可以移栽。

图 6-38 圆柏播种苗

图 6-39 圆柏扦插生根

圆柏也可行嫩枝扦插，如用软材（图 6-39）（6 月播）或硬材（10 月插）扦插繁殖，于秋末用 50cm 长的粗枝行泥浆扦插法，成活率颇高。一些栽培变种大都可用扦插法繁殖，但初期生长极慢，因此为提早成苗出圃，亦常用嫁接法繁殖。各品种常用扦插、嫁接繁殖。种子有隔年发芽的习性，播种前需沙藏。插条要用侧枝上的正头，长约 15cm。要避免在苹果、梨园等附近种植，以免发生梨锈病。

（5）整形修剪　同是一种圆柏，它在草坪上独植用作观赏与培育用材林，就有完全不同的修剪整形要求，因而具体的整剪方法也各异，至于作绿篱用时则更有区别。圆柏呈尖塔形、圆锥形树冠，顶端优势特强，形成明显的主干与主侧枝的从属关系。采用保留中央主干的整形方式，使之呈圆柱形、圆锥形。萌芽发枝力强的树种，大都能耐多次修剪。圆柏一般采取常规性修剪。对主枝附近的竞争枝应进行短截，保证中心主枝的顶端优势。主干顶端如受损伤，应选择一直立向上生长的枝条或在壮芽处短截，并把其下部的侧芽抹去，抽生出直立枝条以代替主干，避免形成多头现象。

圆柏树冠下部的枝条均应保留，形成自然冠形，不可剪除下部枝条。作为行道树因下部枝过长妨碍交通时，应剪除下部枝条而保持一定的枝下高度。

圆柏在园林植物中使用极广，枝下高控制在 20～50cm，要求各主枝错落分布，上下长短，呈螺旋式上升，当新枝 10～20cm 时修剪 1 次，全年修剪 2～4 次，使枝叶稠密成群龙抱柱形。应剪去主干顶端产生的竞争枝条，以免生成分枝树形，对主枝上向外伸展的侧枝及时摘心、剪梢，以改变侧枝生长方向（图 6-40～图 6-42）。

图 6-40 球形圆柏

图 6-41 圆柏作绿篱

图 6-42 造型圆柏

(6) 栽培管理 小苗移栽时，先挖好种植穴，在种植穴底部撒上一层有机肥料作为底肥（基肥），厚度为 4～6cm，再覆上一层土并放入苗木，以把肥料与根系分开，避免烧根。放入苗木后，回填土壤，把根系覆盖住，并用脚把土壤踩实，浇 1 次透水。

① 湿度管理：喜欢略微湿润至干爽的气候环境。

② 温度管理：耐寒。夏季高温期，不能忍受闷热，否则会进入半休眠状态，生长受到阻碍。最适宜的生长温度为15～30℃。

③ 光照管理：喜阳光充足，略耐半荫。

④ 肥水管理：对于地栽的植株，春夏两季根据干旱情况，施用2～4次肥水：先在根颈部以外30～100cm开一圈小沟（植株越大，则离根颈部越远），沟宽、深都为20cm。沟内撒12.5～25kg有机肥，或者50～250g颗粒复合肥（化肥），然后浇透水。入冬以后开春以前，照上述方法再施肥1次，但不用浇水。

⑤ 修剪：在冬季植株进入休眠或半休眠期后，要把瘦弱、病虫、枯死、过密等枝条剪掉。

七、青杆

(1) 学名 *Picea wilsonii* Mast.

(2) 科属 松科云杉属。

(3) 树种简介 乔木，高达50m，胸径达1.3m；树皮灰色或暗灰色，裂成不规则鳞状块片脱落；枝条近平展，树冠塔形；1年生枝淡黄绿色或淡黄灰色，无毛，稀有疏生短毛，2～3年生枝淡灰色、灰色或淡褐灰色；冬芽卵圆形，无树脂，芽鳞排列紧密，淡黄褐色或褐色，先端钝，背部无纵脊，光滑无毛，小枝基部宿存芽鳞的先端紧贴小枝。叶排列较密，在小枝上部向前伸展，小枝下面之叶向两侧伸展，四棱状条形，直或微弯，较短，通常长0.8～1.3(1.8) cm，宽1.2～1.7mm，先端尖，横切面四棱形或扁菱形，四面各有气孔线4～6条，微具白粉。球果卵状圆柱形或圆柱状长卵圆形，成熟前绿色，熟时黄褐色或淡褐色，长5～8cm，径2.5～4cm；中部种鳞倒卵形，长1.4～1.7cm，宽1～1.4cm，先端圆或有急尖头，或呈钝三角形，或具凸起截形之尖头，基部宽楔形，鳞背露出部分无明显的槽纹，较平滑；苞鳞匙状矩圆形，先端钝圆，长约4mm；种子倒卵圆形，长3～4mm，连翅长1.2～1.5cm，种翅倒宽披针形，淡褐色，先端圆；子叶6～9枚，条状钻形，长1.5～2cm，棱上有极细的齿毛；初生叶四棱状条形，长

0.4～1.3cm，先端有渐尖的长尖头，中部以上有整齐的细齿毛。花期 4 月，球果 10 月成熟（图 6-43～图 6-45，见彩图）。

图 6-43　青杆全株

图 6-44　青杆枝叶

图 6-45　青杆花果及枝叶

青杆耐阴，喜温凉气候及湿润、深厚而排水良好的酸性土壤，适应性较强。常成单纯林或与其他针叶树、阔叶树种混生成林。在气候温凉、土壤湿润、深厚、排水良好的微酸性地带生长良好。

青扦为我国特有树种，产于内蒙古（多伦、大青山）、河北（小五台山、雾灵山，海拔 1400～2100m）、山西（五台山、管涔山、关帝山、霍山，海拔 1700～2300m）、陕西南部、湖北西部

(海拔 1600～2200m)、甘肃中部及南部洮河与白龙江流域（海拔 2200～2600m)、青海东部（海拔 2700m)、四川东北部及北部岷江流域上游（海拔 2400～2800m）地带。江西庐山有栽培。适应性较强，为我国产云杉属中分布较广的树种之一。

(4) 繁殖方法　常见播种繁殖。一般在 4 月 20 日左右，地表温度 10℃以上就可播种，气温在 14～20℃出得快，15 天就可出齐。播种量依种子质量而定，发芽率 95%，播种量 3～4kg/667m^2。适时早播可提早出苗，增强苗木抗害力，延长生育期，促进苗木木质化。播种前要充分灌足底水，播种时要均匀撒播，播后要及时覆盖，一般可覆沙、土、草炭的混合物，覆盖后镇压 1 次。覆土厚度是种子直径的 2～3 倍，覆土厚度要均匀一致，不然会影响出苗，也会直接影响苗木的产量和质量。加覆盖物的目的是保持土壤湿润，调节地表温度，防止土壤板结和杂草滋生，对小粒种子覆盖更为重要。采用松针做覆盖物，可达到无菌省工、省时、省钱，降低苗木成本的目的，效果非常好。

(5) 栽培管理

① 出苗期：幼苗出土到脱壳前要防止雀害，可用专人驱鸟或扎一些草人，或设一些风动的响声惊吓小鸟。在幼苗出土期遇到晚霜，要随时掌握天气变化情况，做好防冻工作，可用柴草锯末点烟防止晚霜。

② 生长期：苗木出土后要根据不同生育期及时做好追肥、浇水、除草、间苗、病虫害防治。青杆苗生长缓慢，1 年生苗高 2～4cm，每天浇水 2～4 次，要量少次多，保持土壤湿润，浇水时间要避开中午高温或清晨低温段，切忌用新抽上来的井水，最好用自然河水，井水必须在蓄水池中晾晒 48h 后才能浇，雨季减少浇水。间苗，2 年生苗木留苗 600～800 株/m^2，3 年生为 400～600 株/m^2。同时注意除草。

③ 防寒：防寒是减少幼苗越冬损失的关键措施。方法是在初冬土壤冻结前 (10 月底～11 月初)，将苗床间步道土壤用锹翻起打碎，把苗木倒向一方，用土均匀覆盖上，其厚度应高出苗木 4～

5cm，覆土时间不宜过早，否则幼苗容易受热发霉。撤覆盖土时间应在春季旱风之后，过早则仍不能免除生理干旱。

八、白杆

(1) 学名　*Picea meyeri* Rehd. et Wils.

(2) 科属　松科云杉属。

(3) 树种简介　乔木，高达30m，胸径约60cm；树皮灰褐色，裂成不规则的薄块片脱落；大枝近平展，树冠塔形；小枝有密生或疏生短毛或无毛，1年生枝黄褐色，2～3年生枝淡黄褐色、淡褐色或褐色；冬芽圆锥形，间或侧芽成卵状圆锥形，褐色，微有树脂，光滑无毛，基部芽鳞有背脊，上部芽鳞的先端常微向外反曲，小枝基部宿存芽鳞的先端微反卷或开展。主枝之叶常辐射伸展，侧枝上面之叶伸展，两侧及下面之叶向上弯伸，四棱状条形，微弯曲，长1.3～3cm，宽约2mm，先端钝尖或钝，横切面四棱形，四面有白色气孔线，上面6～7条，下面4～5条。球果成熟前绿色，熟时褐黄色，矩圆状圆柱形，长6～9cm，径2.5～3.5cm；中部种鳞倒卵形，长约1.6cm，宽约1.2cm，先端圆形或钝三角形，下部宽楔形或微圆，鳞背露出部分有条纹；种子倒卵圆形，长约3.5mm，种翅淡褐色，倒宽披针形，连种子长约1.3cm。花期4月，球果9月下旬至10月上旬成熟（图6-46～图6-49，见彩图）。

白杆耐阴、耐寒，喜欢凉爽湿润的气候和肥沃深厚、排水良好的微酸性沙质土壤，生长缓慢，属浅根性树种。

白杆为我国特有树种，产于山西（五台山区、管涔山区、关帝山）、河北（小五台山区、雾灵山区）、内蒙古西乌珠穆沁旗，在海拔1600～2700m、气温较低、雨量及湿度较平原为高、土壤为灰色、棕色森林土或棕色森林地带，常组成以白杆为主的针叶树阔叶树混交林。常见的伴生树种有青杆、华北落叶松、臭冷杉、黑桦、红桦、白桦及山杨等。北京、河北北戴河、辽宁兴城、河南安阳等地有栽培。

(4) 繁殖方法　一般采用播种育苗或扦插育苗，在1～5年生实生苗上剪取1年生充实枝条作插穗最好，成活率最高。硬枝扦插在2～3月进行，落叶后剪取，捆扎、沙藏越冬，翌年春季插入苗床，喷雾保湿，30～40天生根（图6-50）。嫩枝扦插在5～6月进行，选取半木质化枝条，长12～15cm，插后20～25天生根。种粒细小，忌旱怕涝，应选择地势平坦，排灌方便，肥沃、疏松的沙质壤土为圃地。播种期以土温在12℃以上为宜，多在3月下旬至4月上旬播种。在种子萌发及幼苗阶段要注意经常浇水，保持土壤湿润，并适当遮阴。

图6-46 白杄全株

图6-47 白杄茎干

图6-48 白杄枝叶

图6-49 白杄花果

（5）整形修剪 修剪就是在大苗移植过程中对地上部分进行处理，是减少植物地上部分蒸腾作用从而保证树木成活的重要措施。

图 6-50　白杆扦插苗成活

根据园林绿化的标准要求，对白杆最下层枝条进行适量修剪，这样既便于起苗时操作，又不影响树形的美观。

(6) 栽培管理

① 施肥：施肥有利于恢复树势。白杆大苗移植初期，根系吸肥能力低，宜采用根外追肥，一般 15 天左右追 1 次。根系萌发后，可进行土壤施肥，要求薄肥勤施，谨防伤根。

② 水分管理：树木地上部分尤其是叶片，因为蒸腾作用会散失大量水分，必须喷水保湿。最有效的方法是给树木输液（打吊针）。如果有条件，还可以用高压水枪喷雾或者用供水管安装在树冠上方，再安装一个或若干个细孔喷头进行喷雾，使树干、树叶保持湿润。同时还可以增加树周围的湿度，降低温度，减少树木体内有限的水分、养分消耗。同时要控制水量，新植大苗因根系损伤吸水能力减弱，土壤保持湿润即可。水量过大，反而不利于大树根系生根，还会影响土壤的透气性，不利于根系呼吸，严重的还会发生沤根现象。

③ 土壤管理：在及时中耕防止土壤板结的同时，要在移植大苗附近设置通气孔（要经常检查，及时清除堵塞），保持良好的土壤通气性，有利于大苗根系萌发。新移植白杆大苗的养护方法、养护重点，因为其环境条件、季节、树体差异，应因时、因地、因树灵活运用，才能达到预期的效果。

九、广玉兰

（1）学名　*Magnolia grandiflora*

（2）科属　木兰科木兰属。

（3）树种简介　常绿乔木，在原产地高达 30m；树皮淡褐色或灰色，薄鳞片状开裂；小枝粗壮，具横隔的髓心；小枝、芽、叶下面、叶柄均密被褐色或灰褐色短茸毛（幼树的叶下面无毛）。叶厚革质，椭圆形、长圆状椭圆形或倒卵状椭圆形，长 10～20cm，宽 4～7（10）cm，先端钝或短钝尖，基部楔形，叶面深绿色，有光泽；侧脉每边 8～10 条；叶柄长 1.5～4cm，无托叶痕，具深沟。花白色，有芳香，直径 15～20cm；花被片 9～12，厚肉质，倒卵形，长 6～10cm，宽 5～7cm；雄蕊长约 2cm，花丝扁平，紫色，花药内向，药隔伸出成短尖头；雌蕊群椭圆体形，密被长茸毛；心皮卵形，长 1～1.5cm，花柱呈卷曲状。聚合果圆柱状长圆形或卵圆形，长 7～10cm，径 4～5cm，密被褐色或淡灰黄色茸毛；蓇葖背裂，背面圆，顶端外侧具长喙；种子近卵圆形或卵形，长约 14mm，径约 6mm，外种皮红色，除去外种皮的种子，顶端延长成短颈。花期 5～6 月，果期 9～10 月（图 6-51～图 6-54，见彩图）。

广玉兰生长喜光，而幼时稍耐阴。喜温湿气候，有一定抗寒能力。适生于干燥、肥沃、湿润与排水良好的微酸性或中性土壤，在碱性土种植易发生黄化，忌积水、排水不良。对烟尘及二氧化碳气体有较强抗性，病虫害少。根系深广，抗风力强。特别是播种苗树干挺拔，树势雄伟，适应性强。

广玉兰原产于美国东南部，分布在北美洲以及我国大陆的长江流域及以南地区，北方如北京、兰州等地，已由人工引种栽培。广玉兰是江苏省常州市、南通市、连云港市，安徽省合肥市，浙江省余姚市的市树。在长江流域的上海、南京、杭州也比较多见。

（4）繁殖方法　广玉兰的繁殖主要有播种和嫁接两种方法。

① 播种育苗：广玉兰的果实在 9～10 月成熟，成熟时其果实开裂，露出红色假种皮，需在其果实微裂、假种皮刚呈红黄色时及

图 6-51　广玉兰全株

图 6-52　广玉兰花和叶片

图 6-53　广玉兰果实

图 6-54　广玉兰枝干

时采收。果实采下后，放置阴凉处晾 5～6 天，促使开裂，取出具有假种皮的种子，放在清水中浸泡 1～2 天，擦去假种皮除去瘪粒，也可拌以草木灰搓洗除去假种皮。取得的白净种子拌入煤油或磷化锌以防鼠害。播种期有随采随播（秋播）及春播两种。苗床地要选择肥沃疏松的沙质土壤，深翻并灭草灭虫，施足基肥。床面平整后，开播种沟，沟深 5cm、宽 5cm，沟距 20cm 左右，进行条播，将种子均匀播于沟内，覆土后稍压实。在幼苗具 2～3 片真叶时可带土团移植。由于苗期生长缓慢，要经常除草松土。5～7 月间，施追肥 3 次，可用充分腐熟的稀薄粪水（图 6-55）。

② 嫁接育苗：嫁接常用木兰（木笔、辛夷）作砧木。木兰砧木用扦插或播种法育苗，在其干径达 0.5cm 左右即可作砧木用。

3～4 月采取广玉兰带有顶芽的健壮枝条作接穗，接穗长 5～7cm，具有 1～2 个腋芽，剪去叶片，用切接法在砧木距地面 3～5cm 处嫁接。接后培土，微露接穗顶端，促使伤口愈合。也可用腹接法进行，接口距地面 5～10cm。有些地区用天目木兰、凸头木兰等作砧木，嫁接苗木生长较快，效果更为理想。

图 6-55 广玉兰播种苗

图 6-56 广玉兰缺铁症

(5) 整形修剪　广玉兰树姿雄伟壮丽，树冠阔圆锥形，整形以自然单干形为主。

对于不同用途的广玉兰苗，采取的修剪手法也有差异。

① 繁殖苗修剪：广玉兰嫁接苗成活后，及时除去砧芽，要及时立引干，修剪，保持主干挺直。

② 培大苗整形：广玉兰若生长势过旺，常会出现双头现象，也容易造成头重脚轻，特别是雨后，上部枝条易倒伏。当生长过盛时要及时疏枝和摘叶。特别是主干生长过旺，就要及时摘除靠近顶端的叶片，适当短剪靠近顶端的侧枝，保持主干挺直。因广玉兰梢顶的混合芽常是一个主芽、两个副芽，枝条比较紧凑，内膛枝、重叠枝比较多，要注意及时删剪。在培大过程中要逐年留好枝下高，每年视苗的生长势及整体长势的均衡性，最下部的枝条每年修剪 1～2 次，合适的枝下高为 1～1.2m。

③ 移植与出圃修剪：广玉兰的新枝萌芽能力差，在移植和出圃时，应带泥球。常采用疏枝和摘叶的方法，忌短截。剪除病虫枝、重叠枝、内膛枝和扰乱树形的枝条，并保持树的完整，结合摘叶，一般可摘除1/3～1/2的叶片。如摘除过多会降低蒸腾拉力，造成根部吸水困难。

（6）栽培管理　在对广玉兰的管理中，要注意各种病虫的防治。比如广玉兰缺铁症（图6-56，见彩图），这种病症会使广玉兰嫩叶变黄，使植株缺乏营养，叶片枯萎，整株植物萎靡，失去美观的外形。针对苗木的缺铁症，可以使用喷肥的方式解决，在早晨或傍晚，用硝酸亚铁对叶片的正反两面进行喷洒。还可以在秋季或早春对苗木施基肥。苗木的根损伤后较难愈合，所以在挖沟施基肥的时候要特别注意，不要损伤苗木的根部。最好隔1年更改1次沟的位置，这样可以增大施肥的面积。采用这两种方法，经过精心的护理，就可以解决苗木缺铁症的问题了。栽培容器要合适，并放在阳光充足的地方。

十、白玉兰

（1）学名　*Michelia alba* DC.

（2）科属　木兰科木兰属。

（3）树种简介　落叶乔木，高达17m，枝扩展，呈阔伞形树冠；胸径30cm；树皮灰色；揉枝叶有芳香；嫩枝及芽密被淡黄白色微柔毛，老时毛渐脱落。叶薄革质，长椭圆形或披针状椭圆形，长10～27cm，宽4～9.5cm，先端长渐尖或尾状渐尖，基部楔形，上面无毛，下面疏生微柔毛，干时两面网脉均很明显；叶柄长1.5～2cm，疏被微柔毛；托叶痕几达叶柄中部。花白色，极香；花被片10片，披针形，长3～4cm，宽3～5mm；雄蕊的药隔伸出长尖头；雌蕊群被微柔毛，雌蕊群柄长约4mm；心皮多数，通常部分不发育，成熟时随着花托的延伸，形成蓇葖疏生的聚合果；蓇葖果熟时鲜红色。花期4～9月，夏季盛开，通常不结实（图

6-57～图 6-60，见彩图)。

图 6-57　白玉兰全株及冠形

图 6-58　白玉兰的叶片

图 6-59　白玉兰的花

图 6-60　白玉兰的种子

适宜生长于温暖湿润气候和肥沃疏松的土壤，喜光，不耐干旱，也不耐水涝，根部水淹 2～3 天即枯死。对二氧化硫、氯气等有毒气体比较敏感，抗性差。

原产印度尼西亚爪哇，现广植于东南亚。我国福建、广东、广西、云南等省区栽培极盛。在庐山、黄山、峨眉山、巨石山等处尚有野生。世界各地庭园常见栽培。

(4) 繁殖方法　白玉兰的繁殖可采用嫁接、压条、扦插、播种等方法，但最常用的是嫁接繁殖和压条繁殖两种。播种主要用于培养砧木。嫁接以实生苗作砧木，行劈接、腹接或芽接（图 6-61)。

扦插可于 6 月初新梢之侧芽饱满时进行。播种或嫁接的幼苗，需重施基肥、控制密度，3～5 年可见稀疏花蕾。定植后 2～3 年，进入盛花期。栽前应重施基肥，适当深栽。夏季是玉兰生长与孕蕾的季节，干旱时应灌溉。整枝修剪可保持玉兰树姿优美，通风透光，促使花芽分化，使翌年花朵硕大鲜艳。

(5) 整形修剪　白玉兰在花谢后与叶芽萌动前进行。一般不修剪，因玉兰枝条的愈伤能力差，不做大的整形修剪，只需剪去过密枝、徒长枝、交叉枝、干枯枝、病虫枝，培养合理树形，使姿态优美。在剪锯伤口直接涂擦愈伤防腐膜可迅速形成一层坚韧软膜紧贴木质，保护伤口愈合组织生长，防止腐烂病菌侵染，防止土、雨水污染，防冻、防伤口干裂。

图 6-61　白玉兰嫁接苗

(6) 栽培管理

① 移植准备：秋冬季进行深翻整地，翌春做床，整地时进行施肥与除草，以保证移植后幼苗生长旺盛。

② 移植时间：适合移植的时间为幼苗出土后生长 2～3 片真

叶时。

起苗前1～2天，若天气干燥，土壤板结，需将移植苗浇透水，每天浇1次。起苗时，为不破坏根系，土壤较板结时，用小铲（宽2～3cm）呈45°插入土中，帮助松土。然后将幼苗上提，直到根系被完整提出土面。

③ 定植：定植坑可在移植时临时用小铲掘挖，将幼苗放正，将根茎埋入土中1～2cm，用手将土挤紧，然后浇水。

④ 光照与温度：适宜住阳光充足的环境中生长。光照充足可使植株枝繁叶茂，花多更芳香。玉兰能忍耐－20℃的短时间低温，在郑州地区可露地越冬。在北京地区一般也能露地越冬，但温度低于－20℃时需采取防寒措施，对温度比较敏感，温度高可使开花时间提前。

⑤ 浇水与施肥：每年可施2次肥：一是越冬肥，二是花后肥，以稀薄腐熟的人粪尿为好，忌浓肥。浇水可酌情而定，阴天少浇，旱时多浇。春季生长旺盛，需水量稍大，每月浇2次透水。夏季可略多些，秋季减少水量。冬季一般小浇水，但土壤太干时也可浇1次水。

十一、梧桐

（1）学名 *Firmiana platanifolia*（L. f.）Marsili

（2）科属 梧桐科梧桐属。

（3）树种简介 乔木，高达15～20m，胸径50cm；树干挺直，光洁，分枝高；树皮绿色或灰绿色，平滑，常不裂。小枝粗壮，绿色，芽鳞被锈色柔毛，株高10～20m，树皮光滑，片状剥落；嫩枝有黄褐色茸毛；老枝光滑，红褐色。叶大，阔卵形，宽10～22cm，长10～21cm，3～5裂至中部，长比宽略短，基部截形、阔心形或稍呈楔形，裂片宽三角形，边缘有数个粗大锯齿，上下两面幼时被灰黄色茸毛，后变无毛；叶柄长3～10cm，密被黄褐色茸毛；托叶长1～1.5cm，基部鞘状，上部开裂。

圆锥花序长约20cm，被短茸毛；花单性，无花瓣；萼管长约

2mm，裂片5，条状披针形，长约10mm，外面密生淡黄色短茸毛；雄花的雄蕊柱约与萼裂片等长，花药约15枚，药室不等，聚合成一顶生的头；雌花的雌蕊具柄5，心皮的子房部分离生，子房基部有退化雄蕊。蓇葖，在成熟前即裂开，纸质，长7～9.5cm；蓇葖果，种子球形，分为5个分果，分果成熟前裂开呈小艇状，种子生在边缘。

果枝有球形果实，通常2个，常下垂，直径2.5～3.5cm。小坚果长约0.9cm，基部有长毛。花期5月，果期9～10月。种子4～5，球形。种子在未成熟时青色，成熟后橙红色（图6-62～图6-65，见彩图）。

梧桐树喜光，喜温暖湿润气候，耐寒性不强；喜肥沃、湿润、深厚而排水良好的土壤，在酸性、中性及钙质土上均能生长，但不宜在积水洼地或盐碱地栽种，又不耐草荒。积水易烂根，受涝5天即可致死。通常在平原、丘陵及山沟生长较好。

梧桐为深根性，根粗壮；萌芽力弱，一般不宜修剪。生长尚快，寿命较长，能活百年以上。发叶较晚，而秋天落叶早。对多种有毒气体都有较强抗性。怕病毒病，怕大袋蛾，怕强风。宜植于村边、宅旁、山坡、石灰岩山坡等处。

原产地中国，华北至华南、西南广泛栽培，尤以长江流域为多。

（4）繁殖方法　常用播种繁殖，扦插、分根也可（图6-66、图6-67）。垄播时，在垄的两侧开宽、深各5cm的播种沟。开沟时做到深浅一致，大小相等，沟线端直。播种时做到撒种均匀，不漏播，不重播，覆土厚度3～5cm，播种量为每亩15kg，行间距20cm，然后用镇压机镇压或踩实。最后灌透水1次。

秋季果熟时采收，晒干脱粒后当年秋播，也可干藏或沙藏至翌年春播。条播行距25cm，覆土厚约15cm，每亩播种量约15kg。沙藏种子发芽较整齐；干藏种子常发芽不齐，故在播前最好先用温水浸种催芽处理。1年生苗高可达50cm以上，第2年春季分栽培养，3年生苗木即可出圃定植。

图 6-62　梧桐全株

图 6-63　梧桐茎干

图 6-64　梧桐枝叶

图 6-65　梧桐花果

（5）整形修剪　幼树时，根据绿化苗的特点，应保留一定树干高度（2.5～3m），截去主梢进行定干，在其上部选留 3 个不同方向的枝条（交叉角为 120°）进行短截修剪。梧桐在生长期内及时进行抹芽，促进三大主枝生长。冬季修剪时，可在每个主枝中选 2 个适当侧枝进行短截，以形成 6 个小副侧枝，夏季摘心控制其生长，来年冬季修剪时，在 6 个小副侧枝上各选两个枝条进行短截，即可形成 3 主 6 枝 12 杈的分枝造型（图 6-68），以后每年冬季可修剪去主枝的 1/3 作为主枝的延长枝，保留弱小枝作为附着枝。剪去

图 6-66　梧桐播种育苗

图 6-67　梧桐插穗

过多的侧枝，使剩余侧枝交互着生，但长度不能超过主枝，对强生长枝要及时进行回缩和抽枝修剪，并及时剪除病虫枝、交叉重叠枝、直立枝，使树冠紧凑、丰满、充实、美观。

图 6-68　梧桐的修剪及树形

(6) 栽培管理

① 除草：播种后独行菜、葎草、苋菜等双子叶杂草将大量滋生，可人工清除，也可喷洒 1/1000 的 2,4-D。除草时要以“除小、除早、除了”为原则，松土厚度 2～3cm。

② 施肥：当苗高 3～5cm 时施肥，复合肥每亩施 8～10kg，结合灌溉施用，以后根据土壤墒情浇水。

③ 防病杀虫：梧桐幼苗期，要注意苗木立枯病的预防，通过提早播种、高垄育苗、土壤消毒、种子发芽出土时每隔 10 天喷洒 1 次 5%的多菌灵（连续喷洒 3 次）等措施，可以得到较好的效果。其他病虫害较少，未见危害发生。

④ 移植：容器苗高 5cm、植株基部半木质化时，进行移栽。移栽前，做长×宽＝(15～20)m×(2～3)m 的畦。移栽时去掉容器，连同培养基一起移植到畦中，株行距为 20cm×40cm，每亩 8300 余株。然后灌透水 1 次，7 月施尿素 1 次，用量每亩 8～10kg，以后依土壤墒情灌溉。

十二、香樟

(1) 学名　*Cinnamomum camphora*（L.）Presl

(2) 科属　樟科樟属。

(3) 树种简介　常绿乔木，可高达 60m 左右，树龄可达上千年，可成为参天古木，为优秀的园林绿化林木。幼时树皮绿色，平滑，老时渐变为黄褐色或灰褐色纵裂；冬芽卵圆形。叶薄革质，卵形或椭圆状卵形，长 5～10cm，宽 3.5～5.5cm，顶端短尖或近尾尖，基部圆形，离基 3 出脉，近叶基的第 1 对或第 2 对侧脉长而显著，背面微被白粉，脉腋有腺点。圆锥花序生于新枝的叶腋内，花黄绿色，春天开，圆锥花序腋出，又小又多。果球形，熟时紫黑色。花期 4～6 月，果期 10～11 月（图 6-69～图 6-72，见彩图）。

> 因为樟树木材上有许多纹路，像是大有文章的意思，所以就在“章”字旁加一个木字作为树名，称为“樟树”，而因其又有香味，才称为“香樟树”

樟树多喜光，稍耐阴；喜温暖湿润气候，耐寒性不强，对土壤要求不严，较耐水湿，但当移植时要注意保持土壤湿度，水涝容易导致烂根缺氧而死，但不耐干旱、瘠薄和盐碱土。主根发达，深根性，能抗风。萌芽力强，耐修剪。生长速度中等，树形巨大如伞，能遮阴避凉。存活期长，有很强的吸烟滞尘、涵养水源、固土防沙和美化环境的能力。

产于我国南方及西南各省区。越南、朝鲜、日本也有分布，其他各国常有引种栽培。

图 6-69 香樟全株可孤植或作行道树

图 6-70 香樟树干

图 6-71 香樟叶片

图 6-72 香樟浆果

(4) 繁殖方法 香樟常见繁殖方法为播种繁殖。

在 11 月中、下旬，香樟浆果呈紫黑色时，从生长健壮无病虫害的母树上采集果实。采回的浆果应及时处理，以防变质。即将果实放入容器内或堆积加水堆沤，使果肉软化，用清水洗净取出种子。将种子薄摊于阴凉通风处晾干后进行精选，使种子纯度达到

95%以上。

香樟秋播、春播均可，以春播为好。秋播可随采随播，在秋末土壤封冻前进行。春播宜在早春土壤解冻后进行。播种前需用0.1%的新洁尔溶液浸泡种子3～4h以杀菌、消毒。并用50℃的温水浸种催芽，保持水温，重复浸种3～4次，可使种子提前发芽10～15天。香樟可采用条播，条距为25～30cm，条沟深2cm左右，宽5～6cm，每米播种沟撒种子40～50粒，每亩播种15kg左右（图6-73）。

图6-73　香樟播种育苗

图6-74　修剪后的香樟树冠

(5) 整形修剪

① 裸根香樟树苗整剪：栽植前应对其根部进行整理，剪掉断根、枯根、烂根，短截无细根的主根，还应对树冠进行修剪，一般要剪掉全部枝叶的1/3～1/2，使树冠的蒸腾面积大大减少。

② 带土球香樟树苗的修剪：带土球的苗木不用进行根部修剪，只对树冠修剪即可（图6-74）。修剪时，可连枝带叶剪掉树冠的1/3～1/2，以大大减少叶面积的办法来降低全树的水分损耗，但应保持基本树形，以加快成景速度，尽快达到绿化效果。

香樟短枝多，连续结果能力强，只需树势正常，年年都会大量开花。但如花量过度，负载过重，树体养分盈余时，也会显示结果少的景象。

(6) 栽培管理

① 遮阴：高温季节树体水分蒸发比较大，在根系没有完全恢

复功能前，失水过多将严重影响树木的成活率和生长势。遮阴有利于降低树体及地表温度，减少树体水分散失，提高空气湿度，有利于提高树木的成活率。可以在树体上方搭设60%～70%遮光率的遮阳网遮阴。同时做好树木根际的覆盖保墒工作，可以在树木根周覆盖稻草及其他比较通气的覆盖材料，以提高土壤湿度。

② 浇水：连日干旱无雨时，应在早晚做好浇水工作。浇水时，不但要浇透土壤，而且树体及其包裹物（如包扎树干的草绳等）都要浇湿。但排水不良的土壤要注意控制浇水次数，以免土壤湿度过大引起烂根。

③ 排水：圃地积水时要及时排水，以免烂根。

④ 树体支撑：因为5月移植的树木根系还没有恢复固土支撑能力，在大风（如台风）天气时容易被吹翻，从而影响根系恢复生长，故应及时做好树体的支撑工作。支撑材料可以是竹竿，也可以是铁丝等。但在支撑树体时，应保护好树皮，避免铁丝等伤害树皮甚至嵌入树体，影响上部树体成活。

⑤ 激素浇灌：为尽快恢复树势，可在根际适当浇灌一些生长促进类激素，如ABT生根粉等，促进根系快速生长。

> 该栽培管理措施主要针对的是香樟幼苗。

十三、银杏

(1) 学名　*Ginkgo biloba* L.

(2) 科属　银杏科银杏属。

(3) 树种简介　银杏为落叶大乔木，胸径可达4m，幼树树皮近平滑，浅灰色，大树之皮灰褐色，不规则纵裂，粗糙；有长枝与生长缓慢的距状短枝。

幼年及壮年树冠圆锥形，老则广卵形；枝近轮生，斜上伸展（雌株的大枝常较雄株开展）；1年生的长枝淡褐黄色，2年生以上变为灰色，并有细纵裂纹；短枝密被叶痕，黑灰色，短枝上亦可长出长枝；冬芽黄褐色，常为卵圆形，先端钝尖。

叶互生，在长枝上辐射状散生，在短枝上 3～5 枚成簇生状，有细长的叶柄，扇形，两面淡绿色，无毛，有多数叉状并列细脉，在宽阔的顶缘多少具缺刻或 2 裂，宽 5～8(15)cm，具多数叉状并列细脉。叶在长枝上散生，在短枝上簇生。它的叶脉形式为“二歧状分叉叶脉”。在长枝上常 2 裂，基部宽楔形，柄长 3～10（多为 5～8cm），幼树及萌生枝上的叶常深裂（叶片长达 13cm，宽 15cm），有时裂片再分裂（这与较原始的化石种类之叶相似），叶在 1 年生长枝上螺旋状散生，在短枝上 3～8 叶呈簇生状，秋季落叶前变为黄色。

4 月开花，10 月成熟，种子具长梗，下垂，常为椭圆形、长倒卵形、卵圆形或近圆球形，长 2.5～3.5cm，径 2cm，假种皮骨质，白色，常具 2（稀 3）纵棱；内种皮膜质。种皮肉质，被白粉，外种皮肉质，熟时黄色或橙黄色，外被白粉，有臭腺；中种皮白色，骨质，具 2～3 条纵脊；内种皮膜质，淡红褐色；胚乳肉质，味甘略苦；子叶 2 枚，稀 3 枚，发芽时不出土，初生叶 2～5 片，宽条形，长约 5mm，宽约 2mm，先端微凹，第 4 或第 5 片之后生叶扇形，先端具一深裂及不规则的波状缺刻，叶柄长 0.9～2.5cm；有主根（图 6-75～图 6-78，见彩图）。

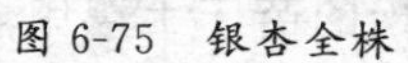

图 6-75　银杏全株

图 6-76　银杏主干

银杏为中生代孑遗的稀有树种，系我国特产，仅浙江天目山有野生状态的树木，生于海拔 500～1000m、酸性（pH 值 5～5.5）

图 6-77　银杏的扇形叶

图 6-78　银杏果实

黄壤、排水良好地带的天然林中，常与柳杉、榧树、蓝果树等针阔叶树种混生，生长旺盛。

银杏最早出现于 3.45 亿年前的石炭纪。曾广泛分布于北半球的欧洲、亚洲、美洲，中生代侏罗纪银杏曾广泛分布于北半球，白垩纪晚期开始衰退。至 50 万年前，在欧洲、北美洲和亚洲绝大部分地区灭绝，只有我国的保存下来。银杏分布大都属于人工栽培区域，主要大量栽培于中国、法国和美国南卡罗莱纳州。毫无疑问，国外的银杏都是直接或间接从中国传入的。

(4) 繁殖方法

① 扦插繁殖：扦插繁殖可分为老枝扦插和嫩枝扦插，老枝扦插适用于大面积绿化用苗的繁育，嫩枝扦插适用于家庭或园林单位少量用苗的繁育（图 6-79）。老枝扦插一般是在春季 3～4 月，从成品苗圃采穗或在大树上选取 1～2 年生的优质枝条，剪截成 15～20cm 长的插条，上剪口要剪得平滑呈圆形，下剪口剪成马耳形。剪好后，每 50 根扎成一捆，用清水冲洗干净后，再用 100mg/L 的 ABT 生根粉浸泡 1h，扦插于细黄沙或疏松的苗床土壤中。扦插后浇足水，保持土壤湿润，约 40 天后即可生根。成活后进行正常管理，第 2 年春季即可移植。嫩枝扦插是在 5 月下旬至 6 月中旬，剪取银杏根际周围或枝上抽穗后尚未木质化的插条（插条长约 2cm，

留2片叶)，插入容器后置于散射光处，每3天左右换1次水，直至长出愈伤组织，即可移植于黄沙或苗床土壤中，但在晴天的中午前后要遮阳，叶面要喷雾2～3次，待成活后进入正常管理。

图6-79 银杏扦插繁殖

图6-80 银杏种子催芽待播种

② 分株繁殖：分株繁殖一般用来培育砧木和绿化用苗。银杏容易发生萌蘖，尤以10～20年生的树木萌蘖最多。春季可利用分蘖进行分株繁殖，方法是剔除根际周围的土，用刀将带须根的蘖条从母株上切下，另行栽植培育。雌株的萌蘖可以提早结果年龄。

③ 嫁接繁殖：嫁接繁殖多用于水果业生产。在5月下旬到8月上旬均可进行绿枝嫁接，但在高温干旱的天气条件下不能嫁接，尤其是晴天的中午不可嫁接，同时也要避开雨天嫁接。

具体方法是先从银杏良种母株上采集发育健壮的多年生枝条，剪掉接穗上的一片叶，仅留叶柄，每2～3个芽剪一段，然后将接穗下端浸入水中或包裹于湿布中，最好随采随接。可以从2～3年生的播种苗、扦插苗中选择嫁接砧木。用于早果密植者，接位应在1m左右。一般采用劈接、切接，将接穗削面向内，插入砧木切口，使两者吻合，形成层对准，用塑料薄膜带把接口绑扎好，嫁接后5～8年即开始结果。

④ 播种繁殖：播种繁殖多用于大面积绿化用苗。秋季采收种子后，去掉外种皮，将带果皮的种子晒干，当年即可冬播或在次年春播。若春播，必须先进行混沙层积催芽（图6-80）。播种时，将种子胚芽横放在播种沟内，播后覆土3～4cm厚并压实，幼苗当年

可长至15～25cm高。秋季落叶后，即可移植。但须注意的是苗床要选择排水良好的地段，以防积水而使幼苗近地面的部分腐烂。

(5) 整形修剪　银杏树形是早果丰产、稳产高产的基础。丰产树形与品种、栽培目的、环境条件等有密切关系，丰产树形的基本要求包括低干高冠、枝要满冠、通风透光要好、营养枝和结果枝比例适当、保持合理的叶片等，常用的丰产树形有以下五种。

① 圆头形：干高0.6～1.0m或1.0～1.5m，由分布均匀的3个主枝构成树体的基本骨架，树高3.0m以下，定干时确保0.5m左右，上方有6个以上的饱满芽，萌发的枝条开张角度控制在50°。经2～3年培养出3根主枝，同时，采用撑拉、环剥等综合措施均衡树势。对于主枝上的枝条要尽量留作辅养枝，可以长放轻剪或不剪，养壮后即可抽生短果枝。辅养枝要控制在中庸偏强的状态，并于5月中旬摘心，以利树冠的扩展。该树形的优点是树体矮小，结构紧凑，通透性好，各级枝条多而短，易于成型。适于密植丰产园栽培，在集约化经营的条件下，可以实现三年见花、五年始果。也可用于采穗圃的树形培养。

② 开心形：无中央领导干，干高1.2～2.0m，由嫁接时3～4个接芽（2～4根接穗）成活后，在主干上分生3～4个主枝，每个主枝着生1～2个侧枝，结果枝较均匀地分布在主、侧枝上，形成中心较空的扁圆形树冠，各主枝头之间的距离为1.5～2.0m，主枝开张角度常大于60°，主、侧枝呈45°开张。该树形通风透光好，丰产，骨架牢固，四周占地空间小，适于“四旁”零植及银粮间作。对生长势强、主枝开张的品种，整形容易。缺点是因主枝粗大、直立，侧枝培养困难，侧枝延伸能力弱。修剪中要严格掌握主、侧枝长势，调节主枝之间的平衡关系（图6-81）。

③ 高干疏层形：干高2.0～2.5m，有明显的中干，全树有主枝5～7个，稀疏分层排列在中干上，匀称地向四周伸展，一般分为四层，从下到上依次有3个、2个、1个、1个主枝，层间距1m左右。每个主枝有侧枝2～3个，侧枝间距20～100cm。该树形符合银杏的生长特性，树体强健，能充分发育。主枝分层稀疏相间排

列，膛内光照较好，枝多而不紊乱，空膛很小，因而较易丰产，而且修剪量较轻，成型较快，结果较早，产量较高，适用于大多数品种，适于乔干稀植丰产园、银粮间作及“四旁”栽植。缺点是层次太多，下层易受上层遮蔽而衰弱，形成上强下弱的状况。因此，后期要特别注意控制上层枝条，勿使生长过旺，必要时可以去除中干，形成开心形树冠。

④ 五层形：树体高大，干高 2～3m，主枝少且粗壮，能充分发挥树体的长势和结构能力。全树有主枝 6～8 个，主枝间距 1m 左右，以 50°开张角度着生于中干之上，不分层次，每一主枝分生 2～3 个侧枝。结果基枝分布在主、侧枝的两侧或背部，形成一个宽大的扇形结果面。其优点是树体能充分发育，主枝稀疏交错排列，透光性好，形成立体结果，产量高，盛果期长。其缺点是成型较慢，干性弱的品种不易成型。主要适于乔干稀植园、银杏粮食间作及“四旁”栽植（江苏泰兴的结果大树多为此树形）（图 6-82）。

图 6-81　银杏开心形树形

图 6-82　银杏五层树形

⑤ 杯形：树体较矮，干高小于 60cm，主枝 2～4 个，较开张，通风透光性好，易成型，结果早。通常是选用 2～3 年生实生苗，用劈接或插皮接 1～2 个接穗，通过摘心或短截形成主枝，轻剪重拉枝，用竹竿或绳子拉枝，加大开张角度，使主枝、侧枝组成杯状树冠。其缺点是后期产量难以提高，主要适于矮秆密植园和良种采穗圃。

(6) 栽培管理　银杏寿命长，一次栽植长期受益，因此土地选择非常重要。银杏属喜光树种，应选择坡度不大的阳坡为造林地。对土壤条件要求不严，但以土层厚、土壤湿润肥沃、排水良好的中性或微酸性土为好。

① 合理配置授粉树：银杏是雌雄异株植物，要达到高产，应当合理配置授粉树。选择与雌株品种、花期相同的雄株，雌雄株比例是 (25～50)：1。配置方式采用 5 株或 7 株间方中心式，也可四角配置。

② 苗木规格：良种壮苗是银杏早实丰产的物质基础，应选择高径比 50：1 以上、主根长 30cm、侧根齐、当年新梢生长量 30cm 以上的苗木进行栽植。此外，苗木还须有健壮的顶芽，侧芽饱满充实，无病虫害。

③ 合理密植：银杏早期生长较慢，密植可提高土地利用率，增加单位面积产量。一般采用 2.5m×3m 或 3m×3.5m 株行距，每亩定植 88 株或 63 株，封行后进行移栽，先从株距中隔一行移一行，变成 5m×3m 或 6m×3m 的株行距，每亩 44 株或 31 株，隔几年又从原来行距里隔一行移植一行，变成 5m×6m 或 6m×7m 的株行距，每亩定植 22 株或 16 株。

④ 栽植时间：银杏以秋季带叶栽植及春季发叶前栽植为主，秋季栽植在 10～11 月进行，可使苗木根系有较长的恢复期，为第 2 年春地上部发芽做好准备。春季发芽前栽植，由于地上部分很快发芽，根系没有足够的时间恢复，所以生长得不如秋季栽植好。

⑤ 银杏栽植要按设计的株行距挖栽植窝，规格为 (0.5～0.8) m×(0.6～0.8)m，窝挖好后要回填表土，施发酵的含过磷酸钙的肥料。栽植时，将苗木根系自然舒展，与前后左右苗木对齐，然后边填表土边踏实。栽植深度以培土到苗木原土痕上 2～3cm 为宜，不要将苗木埋得过深。定植好后及时浇定根水，以提高成活率。

十四、金钱松

(1) 学名　*Pseudolarix amabilis* (Nelson) Rehd

(2) 科属　松科金钱松属。

(3) 树种简介　乔木，高达40m，胸径达1.7m；树干通直，树皮粗糙，灰褐色，裂成不规则的鳞片状块片；枝平展，树冠宽塔形；1年生长枝淡红褐色或淡红黄色，无毛，有光泽，2～3年生枝淡黄灰色或淡褐灰色，稀淡紫褐色，老枝及短枝呈灰色、暗灰色或淡褐灰色；矩状短枝生长极慢，有密集成环节状的叶枕。叶条形，柔软，镰状或直，上部稍宽，长2～5.5cm，宽1.5～4mm（幼树及萌生枝之叶长达7cm，宽5mm），先端锐尖或尖，上面绿色，中脉微明显，下面蓝绿色，中脉明显，每边有5～14条气孔线，气孔带较中脉带为宽或近于等宽；长枝之叶辐射伸展，短枝之叶簇状密生，平展成圆盘形，秋后叶呈金黄色。雄球花黄色，圆柱状，下垂，长5～8mm，梗长4～7mm；雌球花紫红色，直立，椭圆形，长为1.3cm，有短梗。球果卵圆形或倒卵圆形，长6～7.5cm，径4～5cm，成熟前绿色或淡黄绿色，熟时淡红褐色，有短梗；中部的种鳞卵状披针形，长2.8～3.5cm，基部宽约1.7cm，两侧耳状，先端钝有凹缺，腹面种翅痕之间有纵脊凸起，脊上密生短柔毛，鳞背光滑无毛；苞鳞长为种鳞的1/4～1/3，卵状披针形，边缘有细齿；种子卵圆形，白色，长约6mm，种翅三角状披针形，淡黄色或淡褐黄色，上面有光泽，连同种子几乎与种鳞等长。花期4月，球果10月成熟（图6-83～图6-86，见彩图）。

金钱松喜光，初期稍耐荫蔽，以后需光性增强。生于年均温15.0～18.0℃，绝对最低温度不到−10℃的地区。金钱松抗火灾为害的性能较强。

产于我国江苏南部（宜兴）、浙江、安徽南部、福建北部、江西、湖南、湖北利川至四川万县交界地区。

(4) 繁殖方法　采用扦插或播种繁殖。采种应选20龄以上生长旺盛的母树。在球果尚未充分成熟时要及早采收，若采收晚了种子伴随种鳞一起脱落。苗圃土壤应接种菌根。移植宜在萌芽前进行，应注意保护并多带菌根。金钱松为菌根性树种，宜在林间播种育苗。或用菌根土覆盖苗床，圃地适宜连作。1年生苗木高15～20cm，一般留床培育2年，用3年生苗木造林。种子丰收年份，

图 6-83　金钱松全株

图 6-84　金钱松树干

图 6-85　金钱松枝叶

图 6-86　金钱松花果

实行直播造林或人工促进天然更新，也容易成功。利用 10 年生以下幼树枝条扦插，成活率可达 70%。

(5) 整形修剪　金钱松常用于盆景制作。可选粗、细、高、矮不一，生长健壮的植株合栽于一盆，制成丛林式盆景，要注意主次分明、高低疏密的有机搭配，再配以山石人物，可充分体现清新脱俗的大自然森林景观。也可顺其自然形态，制成直干式、双干式、针干式、曲干式等盆景（图 6-87、图 6-88）。

① 过于干旱、瘠薄或盐碱性的土壤，会出现封顶、落叶现象，以深厚、肥沃、排水良好的酸性或中性土壤为宜。

② 金钱松有不耐炎热的特点，生长适温为15～25℃，夏季温度在32℃以上时即应移至阴凉处，越冬期间温度不能低于0℃。

③ 金钱松性喜光照，除夏季应注意遮阴50%～70%外，其他季节均可在阳光下栽培。

④ 必须注意控水，使盆土偏干，以防烂根，一般应见干见湿，且经常向叶面及枝干喷水，以保持盆土和空气湿度，以防叶干尖枯。

⑤ 生长期每月施稀薄液肥1次，以腐熟的有机肥如豆饼渣等兑水稀释使用，雨季、高温季节或立秋后停施。

⑥ 修剪时应结合设计造型，顺其长势，重点对生长期内生长过速的枝条截短，对生长较慢较弱的枝条暂予保留，待生长粗壮后再进行处理。

图6-87　金钱松盆景（一）

图6-88　金钱松盆景（二）

（6）栽培管理　金钱松初期生长比较缓慢，可结合间种套种，每年除草松土抚育2～3次，抚育时，不宜打枝，一般5～6年即可郁闭。郁闭后，每隔3～4年进行砍杂、除蔓1次。

金钱松为著名的古老残遗植物，最早的化石发现于西伯利亚东部与西部的晚白垩世地层中，古新世至上新世在斯匹次卑尔根群岛、欧洲、亚洲中部、美国西部、中国东北部及日本亦有发现。由于气候的变迁，尤其是更新世大冰期的来临，使各地的金钱松灭绝。只在中国长江中下游少数地区幸存下来。因分布零星，个体稀少，结实有明显的间歇性，而亟待保护。

木材纹理通直，硬度适中，材质稍粗，性较脆。可作建筑、板材、家具、器具及木纤维工业原料等；树皮可提栲胶，入药（俗称土槿皮）有助于治顽癣和食积等症；根皮亦可药用，也可作造纸胶料；种子可榨油。

十五、二球悬铃木

(1) 学名　*Platanus acerifolia* Willd.

(2) 科属　悬铃木科悬铃木属。

(3) 树种简介　落叶大乔木，高30余米，树皮光滑，大片块状脱落；嫩枝密生灰黄色茸毛；老枝秃净，红褐色。叶阔卵形，宽12～25cm，长10～24cm，上下两面嫩时有灰黄色毛被，下面的毛被更厚而密，以后变秃净，仅在背脉腋内有毛；基部截形或微心形，上部掌状5裂，有时7裂或3裂；中央裂片阔三角形，宽度与长度约相等；裂片全缘或有1～2个粗大锯齿；掌状脉3条，稀为5条，常离基部数毫米，或为基出；叶柄长3～10cm，密生黄褐色毛被；托叶中等大，长1～1.5cm，基部鞘状，上部开裂。花通常4数。雄花的萼片卵形，被毛；花瓣矩圆形，长为萼片的2倍；雄蕊比花瓣长，盾形药隔有毛。果枝有头状果序1～2个，稀为3个，常下垂；头状果序直径约2.5cm，宿存花柱长2～3mm，刺状，坚果之间无突出的茸毛，或有极短的毛。果序常2个生于总柄（图6-89～图6-91，见彩图）。

二球悬铃木喜光，不耐阴，生长迅速、成荫快，喜温暖湿润气候，在年平均气温13～20℃、降水量800～1200mm的地区生长良好，在北京幼树易受冻害，须防寒。对土壤要求不严，耐干旱、瘠薄，亦耐湿。根系浅易风倒，萌芽力强，耐修剪。抗烟尘、硫化氢等有害气体。对氯气、氯化氢抗性弱。该种树干高大，枝叶茂盛，

图 6-89 二球悬铃木全株

图 6-90 二球悬铃木主干

图 6-91 二球悬铃木的叶片和果实

生长迅速，易成活，耐修剪；对二氧化硫、氯气等有毒气体有较强的抗性。

原产欧洲，现广植于全世界。我国东北、北京以南各地均有栽培，尤以长江中、下游各城市多见，在新疆北部伊犁河谷地带亦可生长。

二球悬铃木是世界著名的城市绿化树种、优良庭荫树和行道树，有“行道树之王”之称，因其生长迅速、株形美观、适应性较强等特点广泛分布于全球的各个城市。随着人们生活水平的提高和社会的不断进步，园林绿化市场持续升温，不同品种的观赏植物越来越多地应用于园林绿化中。注意要和一球悬铃木、三球悬铃木相区别（图6-92、图6-93，见彩图）。

图6-92　一球悬铃木叶片和果实　　图6-93　三球悬铃木叶片和果实

(4) 繁殖方法

① 播种繁殖：选择在10月下旬左右采摘成熟果，拨出种子，在当年或翌年春季选择排水良好的沙壤地作为苗圃，施足基肥，翻耕平整后播种。条播行距30cm，播深1～2cm，覆土，镇压后灌水。实际生产中因怕品种变异、根系发育不强、生长较慢等，故此法一般采用较少。

② 扦插繁殖：秋季选择枝芽饱满、无病虫害、粗细均匀的健壮枝条剪穗，可结合当年秋季树木整形进行。应在避风阴凉处或室内进行。插穗长15～18cm，剪口平滑，防止裂皮、创伤，每个插穗保留2个节、3个饱满芽苞，上下切口一般离芽1cm，每50根1捆，捆扎整齐，选排水良好的背风向阳处挖一深1m、宽1.2m的坑，坑长按插穗多少确定（图6-94），将插穗基部朝下，直立排放于坑内覆土，这样有利于切口的自然愈合，以便次年取出扦插。坑内覆土厚度应视温度变化增土或减土，避免覆土过厚或过少引起

"发烧"和冻害现象。根据气温条件，在4月中、下旬，气温回升，地温上升后进行。扦插地要排水良好、土质肥沃、土地平整。可用10mg/L萘乙酸浸泡3h，以提高生根效果。按株行距20～30cm进行扦插，先用引插棍扎出孔再插入插条，深度为条长的1/2左右，扦插深度以露头3～4cm为宜。

图6-94　二球悬铃木插穗

图6-95　二球悬铃木开心形行道树

(5) 整形修剪　二球悬铃木行道树修剪大多采用传统的开心形修剪法（图6-95），对大枝进行修剪，而不修剪小枝。这是它年年结果，产生"飞毛"的主要原因。使其不结果或少结果的措施有基因工程、生物技术、改进修剪技术等，而改进修剪技术则是较快解决"飞毛"的主要方法。

改进的修剪技术：成龄树的主要骨架枝（主枝）留3～4个，每个主枝留2～3个侧枝，侧枝斜角大于45°；剪口在芽上方0.5～1cm处，芽向上伸展斜角小于45°；其余细弱枝、下垂枝、病虫枝、交叉枝、重叠枝、枯枝等全部剪去。老树、大树修剪2cm粗的枝条时留2～3节，使芽背离主干方向，其余小枝全部剪去，大枝或主干的剪口要平整，锯口要用白胶或伤口涂补剂涂刷。修剪时间在落叶后3月底，球果开裂始散"飞毛"前。

(6) 栽培管理　因二球悬铃木以扦插繁殖为主，所以栽培管理也以扦插繁殖为主。扦插后及时浇足头水，过10～15天浇足第2水。适时松土除草以提高地温，促进早发芽、早生根，提高育苗成活率。在夏季苗木管理中，要特别抓住6月至8月上旬二球悬铃木猛长期，在猛长期到来之前5～7天开始，分多次追施氮肥，多灌水，以提高苗木质量。8 月下旬之后不可再追肥、灌水，否则秋梢伸长，推迟落叶期，冬春两季易冻梢，影响苗木和园林绿化质量。对当年扦插苗，因较弱小，不便于包扎处理，可在次年春季后视生长状况，剪除冻枝，去弱留强，保留健壮枝条。经 1 年生长直径可达 1cm 左右，在秋季用石灰和食盐混合液刷干，及时冬灌，可起到较好的防冻效果。

十六、桃

（1）学名　*Amygdalus persica* L.

（2）科属　蔷薇科桃属。

（3）树种简介　乔木，高 3～8m；树冠宽广而平展；树皮暗红褐色，老时粗糙呈鳞片状；小枝细长，无毛，有光泽，绿色，向阳处转变成红色，具大量小皮孔；冬芽圆锥形，顶端钝，外被短柔毛，常 2～3 个簇生，中间为叶芽，两侧为花芽。

叶片长圆披针形、椭圆披针形或倒卵状披针形，长 7～15cm，宽 2～3.5cm，先端渐尖，基部宽楔形，上面无毛，下面在脉腋间具少数短柔毛或无毛，叶边具细锯齿或粗锯齿，齿端具腺体或无腺体；叶柄粗壮，长 1～2cm，常具 1 至数枚腺体，有时无腺体。花单生，先于叶开放，直径 2.5～3.5cm；花梗极短或几无梗；萼筒钟形，被短柔毛，稀几无毛，绿色而具红色斑点；萼片卵形至长圆形，顶端圆钝，外被短柔毛；花瓣长圆状椭圆形至宽倒卵形，粉红色，罕为白色；雄蕊 20～30，花药绯红色；花柱几与雄蕊等长或稍短；子房被短柔毛。

果实形状和大小均有变异，卵形、宽椭圆形或扁圆形，直径(3～)5～7(12)cm，长几与宽相等，色泽由淡绿白色至橙黄色，常在向阳面具红晕，外面密被短柔毛，稀无毛，腹缝明显，果梗短而深入果洼；果肉白色、浅绿白色、黄色、橙黄色或红色，多汁有香味，甜或酸甜；核大，离核或粘核，椭圆形或近圆形，两侧扁平，顶端渐尖，表面具纵、横沟纹和孔穴；种仁味苦，稀味甜。花期3～4月，果实成熟期因品种而异，通常为 8～9 月（图

6-96～图 6-99，见彩图）。

主要经济栽培地区在我国华北、华东各省，较为集中的地区有北京海淀区、平谷县，天津蓟县，山东蒙阴、肥城、益都、青岛，河南商水、开封，河北抚宁、遵化、深县、临漳，陕西宝鸡、西安，甘肃天水，四川成都，辽宁大连，浙江奉化，上海南汇，江苏无锡、徐州。

原产我国，各省区广泛栽培。世界各地均有栽植。

图 6-96　桃树全株

图 6-97　桃花

图 6-98　桃叶片

图 6-99　桃树种子

（4）繁殖方法　以嫁接为主，也可用播种、扦插和压条法繁殖。

① 扦插：春季用硬枝扦插，梅雨季节用软枝扦插。扦插枝条必须生长健壮、充实。硬枝扦插时间以春季为主，插条按 20cm 左右斜剪（图 6-100），为防止病害侵染和促进生根，插条下端最好用 50％多菌灵 600～1200 倍液和 750～4500mg/L 吲哚丁酸速蘸后

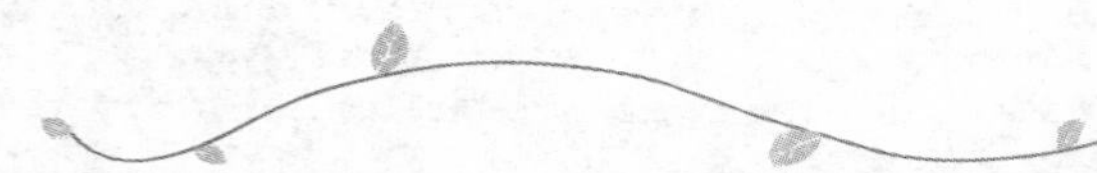

进行扦插，株行距 4cm×30cm，扦插深度为插条长度的 2/3 为宜。

图 6-100 桃树插穗

图 6-101 桃树插皮接

② 嫁接：繁殖砧木多用山桃或桃的实生苗（本砧），枝接、芽接的成活率均较高。

a. 枝接：在 3 月芽已开始萌动时进行。常用切接，砧木用 1～2 年生实生苗为好（图 6-101）。

b. 芽接：在 7～8 月进行，多用“丁”字形芽接（图 6-102）。砧木以 1 年生充实的实生苗为好。

图 6-102 桃树带木质部芽接

图 6-103 桃树杯状形

③ 播种：桃的花期为 3～4 月，果熟期 6～8 月。采收成熟的果实，堆积捣烂，除去果肉，晾干收集纯净苗木种子即可秋播。播种前浸种 5～7 天。秋播者翌年发芽早，出苗率高，生长迅速且强

健。翌春播种，苗木种子需湿沙贮藏120天以上。采用条播，条幅10cm，深1～2cm，播后覆土6cm。每667m^2播种量25～30kg。幼苗3cm高时间苗、定苗，株距20～25cm。

(5) 整形修剪

① 自然杯状形树冠的培育：1年生嫁接苗移植后，留主干1m高，剪去顶梢，剪口芽留壮芽。在1m以下的部位不断抽出新枝，可供选择留作主枝。一般在距地面30～40cm处的新枝留作第一主枝；在第一主枝上面20～30cm处，选留新枝作为第二主枝；在1m的地方，即剪口芽抽出的新枝为第三主枝。三大主枝要均匀分布在主干周围，最好不要轮生。夏季修剪时，将主枝上的直立枝、主干上的萌蘖枝和砧木上萌发的砧芽除去，以免影响主枝的生长和早日形成。第2年冬剪时，对各主枝进行短截，剪口芽留壮芽，以培养主枝延长枝。另外，在各主枝上选留适合的侧枝。需要注意的是，同级侧枝留在同方向，以免侧枝互相交叉，影响树形和通风透光（图6-103）。

② 自然开心形树冠的培育：1年生嫁接苗移植后，先以40～60cm定干。在定干高度以上的整形带内，一般选3个主枝（少数也有选4个或5个主枝的），主枝的位置分布要均匀，与中心干保持约45°，呈放射状生长。其余的枝条全部除去。第2年冬剪时，将主枝在30～50cm处短截，为促发侧枝做准备。其他枝条、主干上的萌蘖枝、砧木上的芽也要除去。这样就形成自然开心形冠形了（图6-104）。

(6) 栽培管理

① 育苗：作为砧木用的幼苗，在苗高25～30cm时摘心，使苗木增粗，到夏末秋初，可达到嫁接时对砧木需要的粗度。移植宜在早春或秋季落叶后进行。小苗可裸根或蘸泥浆移植，大苗移植需带土球。大苗培育需进行整形修剪以构成骨架。桃树一般多整成自然杯状形树冠和自然开心形树冠。

② 栽植：栽植株行距为4m×5m或3m×4m，每公顷植500～840株（图6-105）。栽植时期从落叶后至萌芽前均可。桃园不可连

图 6-104　桃树开心形

图 6-105　桃树行列植

作，否则幼树长势明显衰弱、叶片失绿、新根变褐且多分叉、枝干流胶。这种忌连作现象在沙质土或肥力低的土壤表现严重。主要原因是前作残根在土中分解产生苯甲醛和氰酸等有毒物质，抑制、毒害根系，同时还与连作时土壤中的线虫增殖、积累有关。

③ 施肥：桃对氮、磷、钾的需要量比例约为 1∶0.5∶1。幼年树需注意控制氮肥的施用，否则易引起徒长。盛果期后增施氮肥，以增强树势。桃果实中钾的含量为氮的 3.2 倍，增施钾肥，果大产量高。结果树年施肥 3 次，基肥在 10～11 月结合土壤深耕时施用，以有机肥为主，占全年施肥量的 50%；壮果肥在 4 月下旬至 5 月果实硬核期施用，早熟种以施钾肥为主，中晚熟种施氮量占全年的 15%～20%、磷占 20%～30%、钾占 40%；采果肥在采果前后施用，施用量占全年的 15%～20%。此外，桃园需经常中耕除草，保持土壤疏松，及时排水，防止积水烂根。

十七、梅花

(1) 学名　*Armeniaca mume*.

(2) 科属　蔷薇科杏属。

(3) 树种简介　小乔木，稀灌木，高 4～10m；树皮浅灰色或带绿色，平滑；小枝绿色，光滑无毛。叶片卵形或椭圆形，长 4～8cm，宽 2.5～5cm，先端尾尖，基部宽楔形至圆形，叶边常具小锐锯齿，灰绿色，幼嫩时两面被短柔毛，成长时逐渐脱落，或仅下面脉腋间具短柔毛；叶柄长1～2cm，幼时具毛，老时脱落，常有腺体。

花单生或有时2朵同生于一芽内，直径2～2.5cm，香味浓，先于叶开放；花梗短，长1～3mm，常无毛；花萼通常红褐色，但有些品种的花萼为绿色或绿紫色；萼筒宽钟形，无毛或有时被短柔毛；萼片卵形或近圆形，先端圆钝；花瓣倒卵形，白色至粉红色；雄蕊短或稍长于花瓣；子房密被柔毛，花柱短或稍长于雄蕊。

果实近球形，直径2～3cm，黄色或绿白色，被柔毛，味酸；果肉与核粘贴；核椭圆形，顶端圆形而有小突尖头，基部渐狭成楔形，两侧微扁，腹棱稍钝，腹面和背棱上均有明显纵沟，表面具蜂窝状孔穴（图6-106～图6-109，见彩图）。花期冬春季，果期5～6月（在华北果期延至7～8月）。

梅喜温暖气候，耐寒性不强，较耐干旱，不耐涝，寿命长，可达千年；花期对气候变化特别敏感，喜空气湿度较大，但花期忌暴雨。

梅花系我国特产，我国是梅花的世界野生分布中心，也是梅花的世界栽培中心。原产于我国西南、四川、湖北、广西等省区，早春开花。我国各地均有栽培，但以长江流域以南各省最多，江苏北部和河南南部也有少数品种，某些品种已在华北引种成功。日本和朝鲜也有分布。

（4）繁殖方法　梅花是我国的传统花卉。梅花的繁殖以嫁接为主，偶尔用扦插法和压条法，播种法应用少。播种繁殖多用作培育砧木或选育新品种。

① 播种繁殖：梅花果实6月或稍后变色时采收，通过后熟阶段，立秋之后再除去果皮和果肉，洗净晾干备用。在年内（秋季）播种为好，具体时间可以在9月下旬进行。播种时，应将土地深翻细耙，整平、做畦，按40cm的行距开沟，沟深3～5cm，将种子按5～7cm的间隔，一粒接一粒地放在土沟里，浇足水分，用细土或沙子覆盖。翌年春季，待幼苗长至10～15cm时，便可进行移

图 6-106　梅花全株

图 6-107　梅花的花

图 6-108　梅花枝叶

图 6-109　梅花果实

植。如果春季播种繁殖，那么应该在种子洗净晾干后用湿沙层积沙藏，早春取出后条播。

② 嫁接繁殖：梅花的很多品种，如金钱绿萼梅、送春梅、凝香梅等，只能采取嫁接的方法繁殖。嫁接有枝接与芽接两种。砧木除用梅的实生苗外，也可用桃（包括毛桃、山桃）、李、杏作砧木。以梅砧最好，亲和力强、成活率高、长势好，寿命亦长。

枝接在 2 月中旬至 3 月上旬或 10 月中旬至 11 月进行。接穗选择健壮枝条的中段，长 5～6cm，带有 2～3 芽，采用切接或劈接法。

芽接以立秋前后（8 月上旬）进行成活率高，多采用“丁”字形芽接法。接活后的当年初冬，在接芽以上 5cm 处截去砧木，并修剪侧枝。翌年春接芽抽梢，待长大再将残存的砧木剪除，并随时抹去砧芽。

以桃为砧，种子易得，嫁接易活，且接后生长快，开花多，故目前在生产上得到普遍应用。但是接后梅树易遭虫害，寿命缩短。为了解决这一矛盾，嫁接操作时，可将砧木距离地面 2cm 处剪除地上部分，接穗选择当年生长健壮枝条，接时应注意形成层必须密切结合，再用塑料条扎紧封土直到看不见接合处为止。1 个月后检查是否成活，并剪除根部萌芽，保持封土不垮。成活后也不要急于一下子去土，要逐渐助芽出土，以免新芽吹干，并随苗株的长高，加土培实，使接穗生根，这样可以克服桃砧木寿命短的缺点，经过 2～3 年接穗也能长出很多的新根，类似扦插的效果。

③ 扦插繁殖：扦插繁殖梅花操作简便，技术也不复杂，同时能够完全保持原品种的优良特性。梅花扦插成活率因品种不同而有差别，在常规条件下，素白台阁梅成活率最高，一般可达 80%以上；小绿萼梅、宫粉梅等成活率达 60%；朱砂梅、龙游梅、大羽梅、送春梅等品种则不易成活。用 500mg/L 吲哚丁酸或 1000 mg/L萘乙酸水剂快浸处理插条，成活率有所提高，对难以生根品种也能促进生根。

梅花的扦插以 11 月为好，因此时落叶，枝条贮有充足的养料，容易生根成活。选 1 年生 10～12cm 长的粗壮枝条作插穗，扦插时将大部分枝条埋入土中，土面仅留 2～3cm，并且留一芽在外。要求扦插地土质疏松，排水良好。扦插后浇 1 次透水，加盖塑料薄膜，这样能保证小范围温度和湿度，提高扦插成活率，以后视需要补充水分。扦插后土壤的含水量不能过大，否则影响插条愈合生根。翌年成活后，逐渐给以通风使之适应环境，最后揭去薄膜。第 3 年春季便可进行定株移栽。若春插，则越夏期间须搭阴棚。

④ 压条繁殖：压条繁殖宜在 2～3 月进行，选择 1～2 年生枝条，在压入土壤的枝条下方割伤 2～3 刀，注意不要割得太深，如损伤木质部会影响生根，将割伤那段埋入土中，操作时要注意不能

使芽苞受损。压后还要培土，最好用疏松肥沃的沙质土壤。夏季注意浇水，保持土壤湿润，秋季生根后就可割离成为新植株。

高压法往往用作繁殖大苗，来年早春即可开花。可于梅雨季节在母株上选适当枝条刻伤，用塑料膜包疏松的混合土（如泥炭加水藓），两头扎紧，保持湿度。约1个月后检查，已生根者可在压条之下截一切口，深及枝条中部，一星期后再全部切离培养。

（5）整形修剪　地栽梅花整形修剪时间可于花后20天内进行。以自然树形为主，剪去交叉枝、直立枝、干枯枝、过密枝等，对侧枝进行短截，以促进花繁叶茂。盆栽梅花上盆后要进行重剪，为制作盆景打基础。通常以梅桩作景，嫁接各种姿态的梅花（图6-110、图6-111）。保持一定的温度，春节可见梅花盛开。若想“五一”开花，则需保持温度0～5℃并湿润的环境，4月上旬移出室外，置于阳光充足、通风良好的地方养护，即可“五一”前后见花。

图6-110　梅花盆景

图6-111　梅花盆栽

（6）栽培管理

① 栽植：在南方可地栽，在黄河流域耐寒品种也可地栽，但在北方寒冷地区则应盆栽室内越冬。在落叶后至春季萌芽前均可栽植。为提高成活率，应避免损伤根系，带土团移栽。地栽应选在背风向阳的地方。盆栽选用腐叶土3份、园土3份、河沙2份、腐熟的厩肥2份均匀混合后的培养土。栽后浇1次透水。放庇荫处养护，待恢复生长后移至阳光下正常管理。

② 光照与温度：喜温暖和充足的光照。除杏梅系品种能耐

−25℃低温外，一般品种耐−10℃低温。耐高温，在40℃条件下也能生长。在年平均气温16～23℃地区生长发育最好。对温度非常敏感，在早春平均气温达−5～7℃时开花。

③ 浇水与施肥：生长期应注意浇水，经常保持盆土湿润偏干状态，既不能积水，也不能过湿过干，浇水掌握见干见湿的原则。一般天阴、温度低时少浇水，否则多浇水。夏季每天可浇2次，春秋季每天浇1次，冬季则干透浇透。施肥也应合理，栽植前施好基肥，同时掺入少量磷酸二氢钾，花前再施1次磷酸二氢钾，开花时施1次腐熟的饼肥，补充营养。6月还可施1次复合肥，以促进花芽分化。秋季落叶后，施1次有机肥，如腐熟的粪肥等。

十八、樱花

(1) 学名　*Cerasus yedoensis* (Matsum.) Yu et Li.

(2) 科属　蔷薇科樱属。

(3) 树种简介　乔木，高4～16m，树皮灰色。小枝淡紫褐色，无毛，嫩枝绿色，被疏柔毛。冬芽卵圆形，无毛。叶片椭圆卵形或倒卵形，长5～12cm，宽2.5～7cm，先端渐尖或骤尾尖，基部圆形，稀楔形，边有尖锐重锯齿，齿端渐尖，有小腺体，上面深绿色，无毛，下面淡绿色，沿脉被稀疏柔毛，有侧脉7～10对；叶柄长1.3～1.5cm，密被柔毛，顶端有1～2个腺体或有时无腺体；托叶披针形，有羽裂腺齿，被柔毛，早落。

花序伞形总状，总梗极短，有花3～4朵，先叶开放，花直径3～3.5cm；总苞片褐色，椭圆卵形，长6～7mm，宽4～5mm，两面被疏柔毛；苞片褐色，匙状长圆形，长约5mm，宽2～3mm，边有腺体；花梗长2～2.5cm，被短柔毛；萼筒管状，长7～8mm，宽约3mm，被疏柔毛；萼片三角状长卵形，长约5mm，先端渐尖，边有腺齿；花瓣白色或粉红色，椭圆卵形，先端下凹，全缘二裂；雄蕊约32枚，短于花瓣；花柱基部有疏柔毛（图6-112～图6-114，见彩图）。

核果近球形，直径0.7～1cm，黑色，核表面略具棱纹。花期

图 6-112　樱花全株

图 6-113　樱花的花

图 6-114　樱花叶片

图 6-115　樱花的高位嫁接

4 月，果期 5 月。

樱花为温带、亚热带树种，性喜阳光和温暖湿润的气候条件，有一定抗寒能力。对土壤的要求不严，宜在疏松肥沃、排水良好的沙质壤土生长，但不耐盐碱土。根系较浅，忌积水低洼地。有一定的耐寒和耐旱力，但对烟及风抗力弱，因此不宜种植在有台风的沿海地带。

原产日本。分布于北半球温和地带（亚洲、欧洲至北美洲），主要种类分布在我国西部和西南部以及日本和朝鲜。北京、西安、青岛、南京、南昌等城市庭园广泛栽培。

（4）繁殖方法　以播种、扦插和嫁接繁殖为主。以播种方式繁殖樱花，注意勿使种胚干燥，应随采随播或湿沙层积后翌年春播。

嫁接养殖可用樱桃、山樱桃的实生苗作砧木。在 3 月下旬切接或 8 月下旬芽接，接活后经 3～4 年培育，可出圃栽种。

① 播种繁殖：结实樱花种子采后就播，不宜干燥。因种子有休眠或经沙藏于次年春播，以培育实生苗作嫁接之用。

② 扦插繁殖：在春季用 1 年生硬枝，夏季用当年生嫩枝。扦插可用萘乙酸（NAA）处理，苗床需遮阴保湿与通气良好的介质才有高的成活率。

③ 嫁接繁殖：因樱花多数种类不会结实，因此，嫁接可用单瓣樱花或山樱桃作砧木，于 3 月下旬切接或 8 月下旬芽接均可（图 6-115）。接活后经 3～4 年的培育，可出圃栽种。樱花也可高枝换头嫁接，将削好的接穗用劈接法插入砧木，用塑料袋缠紧，套上塑料袋以保温防护，成活率高，可用来更换新品种。

(5) 整形修剪　主要是剪去枯萎枝、徒长枝、重叠枝及病虫枝。另外，一般大樱花树干上长出许多枝条时，应保留若干长势健壮的枝条，其余全部从基部剪掉，以利通风透光。修剪后的枝条要及时用药物消毒伤口，防止雨淋后病菌侵入，导致腐烂。樱花经太阳长时期的暴晒，树皮易老化损伤，造成腐烂，应及时将其除掉并进行消毒处理。之后，用腐叶土及炭粉包扎腐烂部位，促其恢复正常生理机能。

(6) 栽培管理

① 栽种：栽植前要把地整平，可挖宽 0.8m、深 0.6m 的坑，坑里先填入 10cm 的有机肥，把苗放进坑里，使苗的根向四周伸展。填土后，向上提一下苗使根深展开，再进行踏实。栽植深度为离苗根上层 5cm 左右，栽好后浇水，充分灌溉，用棍子架好，以防大风吹倒。

栽种时，每坑槽施腐熟堆肥 15～25kg，7 月每株施硫酸铵 1～2kg。花后和早春发芽前，需剪去枯枝、病弱枝、徒长枝，尽量避免粗枝的修剪，以保持树冠圆满。

② 浇水：定植后苗木易受旱害，除定植时充分灌水外，以后 8～10 天灌水 1 次，保持土壤潮湿但无积水。灌后及时松土，最好

用草将地表薄薄覆盖，减少水分蒸发。在定植后2～3年内，为防止树干干燥，可用稻草包裹。但2～3年后，树苗长出新根，对环境的适应性逐渐增强，则不必再包稻草。

③ 施肥：樱花每年施肥2次，以酸性肥料为好。一次是冬肥，在冬季或早春施用豆饼、鸡粪和腐熟肥料等有机肥；另一次在落花后，施用硫酸铵、硫酸亚铁、过磷酸钙等速效肥料。一般大樱花树施肥，可采取穴施的方法，即在树冠正投影线的边缘，挖一条深约10cm的环形沟，将肥料施入。此法既简便，又利于根系吸收，以后随着树的生长，施肥的环形沟直径和深度也随之增加。樱花根系分布浅，要求排水透气良好，因此在树周围特别是根系分布范围内，切忌人畜、车辆踏实土壤。行人践踏会使树势衰弱，寿命缩短，甚至造成烂根死亡。

十九、刺槐

(1) 学名　*Robinia pseudoacacia* Linn.

(2) 科属　豆科刺槐属。

(3) 树种简介　落叶乔木，高10～25m；树皮灰褐色至黑褐色，浅裂至深纵裂，稀光滑。小枝灰褐色，幼时有棱脊，微被毛，后无毛；具托叶刺，长达2cm；冬芽小，被毛。羽状复叶长10～25(40)cm；叶轴上面具沟槽；小叶2～12对，常对生，椭圆形、长椭圆形或卵形，长2～5cm，宽1.5～2.2cm，先端圆，微凹，具小尖头，基部圆至阔楔形，全缘，上面绿色，下面灰绿色，幼时被短柔毛，后变无毛；小叶柄长1～3mm；小托叶针芒状。

总状花序腋生，长10～20cm，下垂，花多数，芳香；苞片早落；花梗长7～8mm；花萼斜钟状，长7～9mm，萼齿5，三角形至卵状三角形，密被柔毛；花冠白色，各瓣均具瓣柄，旗瓣近圆形，长16mm，宽约19mm，先端凹缺，基部圆，反折，内有黄斑，翼瓣斜倒卵形，与旗瓣几等长，长约16mm，基部一侧具圆耳，龙骨瓣镰状，三角形，与翼瓣等长或稍短，前缘合生，先端钝尖；雄蕊二体，对旗瓣的1枚分离；子房线形，长约1.2cm，无毛，柄长2～3mm，花柱钻形，长约8mm，上弯，顶端具毛，柱头顶生。

荚果褐色，或具红褐色斑纹，线状长圆形，长5～12cm，宽1～1.3(1.7)cm，扁平，先端上弯，具尖头，果颈短，沿腹缝线具狭翅；花萼宿存，有种子2～15粒；种子褐色至黑褐色，微具光泽，有时具斑纹，近肾形，长5～6mm，宽约3mm，种脐圆形，偏于一端。花期4～6月，果期8～9月（图6-116、图6-117，见彩图）。

图6-116　刺槐全株

图6-117　刺槐的花

刺槐对水分条件很敏感，在地下水位过高、水分过多的地方生长缓慢，易诱发病害，造成植株烂根、枯梢甚至死亡。有一定的抗旱能力。喜土层深厚、肥沃、疏松、湿润的壤土、沙质壤土、沙土或黏壤土，在中性土、酸性土、含盐量在0.3%以下的盐碱性土上都可以正常生长，在积水、通气不良的黏土上生长不良，甚至死亡。喜光，不耐庇荫。萌芽力和根蘖性都很强。

原产美国。我国于18世纪末从欧洲引入青岛栽培，现我国各地广泛栽植。在黄河流域、淮河流域多集中连片栽植，生长旺盛。在华北平原，垂直分布在400～1200m之间。甘肃、青海、内蒙古、新疆、山西、陕西、河北、河南、山东等省（区）均有栽培。

（4）繁殖方法　常见播种繁殖。刺槐过早播种易遭受晚霜冻害，所以播种宜迟不宜早，以“谷雨”节前后最为适宜。畦床条播或大田式播种均可。一般采用大田式育苗，先将苗地耱平，再开沟条播，行距30～40cm，沟深1.0～1.5cm，沟底要平，深浅要一致，将种子均匀地撒在沟内，然后及时覆土（厚1～2cm）并轻轻镇压，从播种到出苗6～8天，播种量60～90kg/hm^2。

(5) 整形修剪　首先，选择长势健壮、直立且处于树干顶端的1年生枝作为主干延长枝，切忌选择老弱枝。然后剪去其先端1/3～1/2，弱枝重剪，强枝轻剪（但不可过轻，否则剪口下不易生长强枝）。剪口附近如有小弱枝，则宜剪除部分弱枝，按照由上向下的顺序，逐个截短，保证其先端不高于主干剪口即可。

对于主干上近于对生或轮生的枝条，不宜全部疏剪，以免产生较大的伤口，造成树干上部衰弱。正确的修剪方法应该是先重短截，抑制其生长，翌年冬剪时再齐基部疏剪。

夏季，刺槐生长旺盛，剪口下往往会同时长出多条健壮的枝条，可于5月上、中旬，当新枝长到20cm时，选择一个新枝作为主干延长枝不剪，其余的则摘心或剪梢，以便辅助主干延长枝直立生长。如果处理后的侧枝长势减弱不明显，可于当年6～7月继续摘心、剪梢，以分散养分，削弱其长势。

(6) 栽培管理　刺槐喜湿润的土壤环境，稍耐旱，长期干旱则生长缓慢，植株容易干梢；不耐水湿，生长旺盛阶段应保证水分的供应。其对肥料的需求量不多，除在定植时施用基肥外，6～9月为生长旺盛阶段，可每隔3～4周追肥1次。刺槐性喜强光，不耐阴，每天接受日光照射不宜少于4h，最好保持全日照。喜温暖，在冬季寒冷的气候条件下也能较好地生长。对于植株基部所生长出的萌蘖，要及时剪去，以保证养分集中供给主干。在实际栽培中，刺槐会被干腐病、花叶病、紫纹羽病等危害，会遭到刺蛾、大蓑蛾、地老虎、豆荚螟、蚜虫等有害动物的侵袭，如有发生应及时采取措施进行处理。

二十、国槐

(1) 学名　*Sophora japonica* Linn.

(2) 科属 豆科槐属。

(3) 树种简介 乔木，高达 25m；树皮灰褐色，具纵裂纹。当年生枝绿色，无毛。羽状复叶长达 25cm；叶轴初被疏柔毛，旋即脱净；叶柄基部膨大，包裹着芽；托叶形状多变，有时呈卵形，叶状，有时线形或钻状，早落；小叶 4～7 对，对生或近互生，纸质，卵状披针形或卵状长圆形，长 2.5～6cm，宽 1.5～3cm，先端渐尖，具小尖头，基部宽楔形或近圆形，稍偏斜，下面灰白色，初被疏短柔毛，旋变无毛；小托叶 2 枚，钻状。

圆锥花序顶生，常呈金字塔形，长达 30cm；花梗比花萼短；小苞片 2 枚，形似小托叶；花萼浅钟状，长约 4mm，萼齿 5，近等大，圆形或钝三角形，被灰白色短柔毛，萼管近无毛；花冠白色或淡黄色，旗瓣近圆形，长和宽各约 11mm，具短柄，有紫色脉纹，先端微缺，基部浅心形，翼瓣卵状长圆形，长 10mm，宽 4mm，先端浑圆，基部斜戟形，无皱褶，龙骨瓣阔卵状长圆形，与翼瓣等长，宽达 6mm；雄蕊近分离，宿存；子房近无毛。

荚果串珠状，长 2.5～5cm 或稍长，径约 10mm，种子间缢缩不明显，种子排列较紧密，具肉质果皮，成熟后不开裂，具种子 1～6 粒；种子卵球形，淡黄绿色，干后黑褐色。花期 7～8 月，果期 8～10 月 (图 6-118～图 6-121，见彩图)。

国槐喜光而稍耐阴，能适应较冷气候。根深而发达。对土壤要求不严，在酸性至石灰性及轻度盐碱土，甚至含盐量在 0.15％左右的条件下都能正常生长。抗风，也耐干旱、瘠薄，尤其能适应城市土壤板结等不良环境条件。但在低洼积水处生长不良。对二氧化硫和烟尘等污染的抗性较强。幼龄时生长较快，以后中速生长，寿命很长。老树易成空洞，但潜伏芽寿命长，有利树冠更新。

原产我国，现南北各省区广泛栽培，华北和黄土高原地区尤为多见。日本、越南也有分布，朝鲜并见有野生种，欧洲、美洲各国均有引种。

(4) 繁殖方法

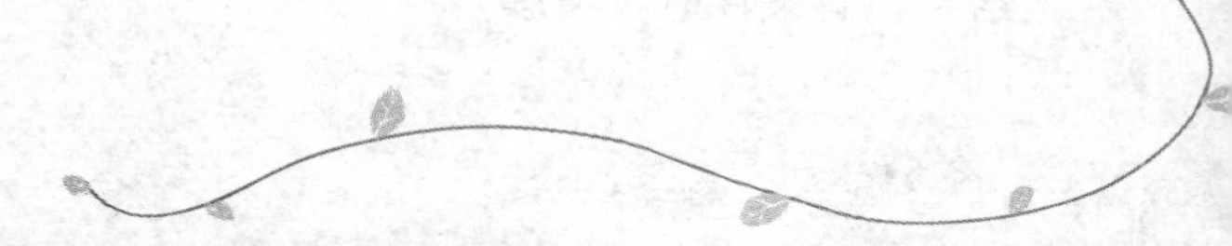

图 6-118　国槐全株

图 6-119　国槐枝干

图 6-120　槐花

图 6-121　国槐的果实

① 播种繁殖：国槐育苗地应选择地势平坦、排灌条件良好、土质肥沃、土层深厚的壤土或沙壤土。其对中性、石灰性和微酸性土质均能适应，在轻度盐碱土（含盐量 0.15%左右）上也能正常生长，但干旱、瘠薄及低洼积水圃地生长不良。种子处理：播种前应采用浸种法或沙藏法加以处理。一般采用春播，河北涿州一般在 4 月上、中旬播种。播种量每亩 10～12kg。可采用垄播或畦作两种方式。垄播时垄距 70～80cm，垄底宽 40～50cm，面宽 30cm 左右，垄高 15～20cm，播幅 10cm，覆土 1.5～2cm。也可畦作，不起垄，行距 60～70cm，播幅 5cm。播后镇压，使种子与土壤密切结合，有条件时可覆膜。

① 浸种法：先用80℃水浸种，不断搅拌，直至水温下降到45℃以下为止，放置24h，将膨胀种子取出。对未膨胀的种子采用上述方法反复浸种2～3次，使其达到膨胀程度。将膨胀种子用湿布或草帘覆盖闷种催芽，经1.5～2天，20%左右的种子萌动即可播种。

② 沙藏法：一般于播种前10～15天对种子进行沙藏。沙藏前，将种子在水中浸泡24h，使沙子含水量达到60%，即手握成团，触之即散。将种子、沙子按体积比1∶3进行混拌均匀，放入提前挖好的坑内，然后覆盖塑料布。沙藏期间，每天要翻1遍，并保持湿润，有50%的种子发芽时即可播种。

② 埋根繁殖：国槐落叶后即可引进种根，定植前以沙土埋藏保存，掌握好沙土湿度，既不可让根段脱水干枯，又不可湿度太大而霉变腐烂。育苗选择土层深厚、地势平坦、灌排方便、无病虫传染源的沙壤土最好。每667m^{2}施2500kg畜禽粪肥，或施50kg磷肥和二铵作基肥；用呋喃丹等杀虫剂杀灭地下害虫。地要深翻、整细、耙平，畦宽1m左右。育苗时间：南方3月上、中旬，北方3月下旬至4月上旬。选择1～2年生直径5～10mm无病虫害痕迹的光滑根段，剪成5～7cm长备用。顺畦开沟，沟距50cm，深度5cm，然后将根段以30cm的株距平放于沟内，覆盖细沙土，浇透定根水，盖好地膜，1个月左右即可出苗。

(5) 整形修剪　根据需要可以整形修剪成自然开心形、杯状形和自然式合轴主干形3种树形（图6-122、图6-123）。自然开心形即当主干长到3m以上时定干，选留3～4个生长健壮、角度适当的枝条做主枝，将主枝以下侧枝及萌芽及时除去，冬剪时对主枝进行中短截，留50～60cm，促生副梢，以形成小树冠；杯状形即定干后同自然开心形一样留好三大主枝，冬剪时在每个主枝上选留2个侧枝短截，形成6个小枝，夏季时进行摘心，控制生长，翌年冬剪时在小枝上各选2个枝条短剪，形成“3股6杈12枝”的杯状造型；自然式合轴主干形是指留好主枝后，以后修剪只要保留强壮顶芽、直立芽，养成健壮的各级分枝，使树冠不断扩大。

图 6-122　国槐开心形树形

图 6-123　自然式合轴主干形

(6) 栽培管理

① 定苗：播后一般 7～10 天开始出苗，10～15 天出齐。覆膜地块要在幼苗长出 2～3 片真叶时揭去地膜。在苗高 15cm 时分 2～

3 次间苗，定苗株距 10～15cm，亩留苗量 8000 株左右。

② 移栽：用于绿化苗木，一般 3～4 年才能出圃，由于苗木顶端枝条芽密，间距小，树干极易弯曲，翌年春季将 1 年生苗按株距 40～50cm、行距 70～80cm 进行移栽，栽后即可将主干距地面 3～5cm 处截干。因槐树具萌芽力，截干后易发生大量萌芽，当萌芽嫩枝长到 20cm 左右时，选留 1 条直立向上的壮枝作主干，将其余枝条全部抹除。以后随时注意除蘖去侧，对主干上、中、下部的细弱侧枝暂时保留，对防止主干弯曲有利。这样，翌年苗高可达 3m 以上。

③ 肥水管理：国槐苗要根据气候条件、土壤质地等因素，决定浇水次数。一般情况下，出苗后至雨季前浇 2～3 水，圃地封冻前浇 1 次封冻水，遇涝害时及时排水；播种前，育苗地亩施基肥（以有机肥或圈肥为主）3000kg 左右，到 6 月上旬结合浇水可亩追施速效氮肥（如尿素）8～10kg，7～8 月份追施尿素（最好掺入适量复混肥）2～3 次，每次亩施肥量 30kg 左右。9 月以后不再浇水施肥，以促进苗木木质化。

二十一、香花槐

（1）学名 *Robinia pseudoacacia* cv. idaho.

（2）科属 豆科槐属。

（3）树种简介 香花槐树皮褐色至灰褐色，原香花槐树皮褐色，光滑。株高 10～12m，生长快，是普通刺槐的 2～3 倍。叶互生，有 7～19 片小叶组成羽状复叶，小叶椭圆形至长圆形，长 4～8cm，比刺槐叶大，光滑，鲜绿色。总状花序腋生，作下垂状，长 8～12cm，花红色，芳香，在北方每年 5 月和 7 月开 2 次花，在南方每年开 3～4 次花。花期：5 月份是 30 天左右，7 月份 20 天左右，8 月份 15 天左右，9 月份 10 天左右。具有花朵大、花形美、花量多、花期长等特点。花不育，无荚果，不结种子（图 6-124、图 6-125，见彩图）。

香花槐喜光、耐寒，能抗－33℃低温，耐干旱瘠薄，耐盐碱，

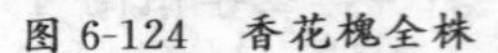

图 6-124　香花槐全株

图 6-125　香花槐的花

能吸声，病虫害少，抗病力强，根系发达，萌芽、根蘖性强，保持水土能力强。枝繁叶大，叶柄凸出不易脱落，根系发达，主侧根健壮，萌蘖快，可有效防风和保持水土。

原产于西班牙，20 世纪我国南方、华北、西北地区都生长良好。

(4) 繁殖方法　香花槐一般采用埋根和枝插法繁殖，但其中以埋根繁殖为主。埋根繁殖时选用 1～2 年生香花槐主、侧根，直径 0.5～1.5cm 为宜。春季在香花槐萌动前，于侧根 20～30cm 处剪断，剪根量不宜超过侧根的一半，以不影响植株正常生长及开花。将剪断的根挖出，避免损伤根皮，扦插前可沙藏或埋土，以防脱水。4 月中旬将根取出，剪成 8～10cm 长的插根，用平埋法将插根埋入畦床内，埋深 5cm 左右，株行距 20cm×30cm。枝插法选用 1 年生硬枝，于春季 4 月中旬将枝条剪成 10～12cm 长的插条，每 50 株 1 捆，用 ABT2 号生根粉（50mg/L）浸根 2～4h，捞出沥干即可扦插。插畦地铺塑料薄膜，以提高地温和保湿。将插条 45°斜插于畦床内，株行距 20cm×20cm。扦插后，经常保持土壤湿润，当年扦插苗可长到 1～1.5m 高。香花槐繁殖快，每株成品苗利用根插法第 2 年可繁殖苗木 30～40 株（图 6-126）。

(5) 整形修剪

① 整形：在自然生长情况下，香花槐分枝力强、生长旺盛，往往形成一个广卵形树冠，但多数树干低矮、枝杈过多，形成“小

图 6-126　香花槐扦插苗

图 6-127　香花槐常见树形

老树"。整形就是使其树干通直（图 6-127），修剪在春、夏季进行，剪去与主干竞争的侧枝，通常 2m 以下不留侧枝。用于园林绿化的香花槐大苗一般比较强健，可先选出健壮直立，又处于顶端的 1 年生枝作主干延长枝，然后剪去其先端 1/3～1/2，弱枝重剪（但不宜过重，否则剪口下不易生长强枝）。

② 修枝：修枝的早晚与修枝量要根据造林目的确定。一般造林，应在幼林郁闭后进行修枝；四旁绿化和防护林带，为了培育较高的树干，防止遮阴过度，头 3 年内即应适当进行修剪。

a. 疏枝：2 年生以下的香花槐主干较低，一般选留生长旺盛、直立的枝条作为主干，其余的枝条依情况不同进行疏除，将树干修到一定高度之后，疏除树冠上部粗壮的竞争枝、徒长枝、直立枝及部分过密的侧枝、下垂枝和枯死枝。

b. 截枝：即夏季剪截去掉直立强壮的侧枝，根据压强留弱，去直留平，树冠上部重剪，下部轻剪长留的原则，分次中截，剪口下留小枝条，不能从基部疏剪掉，以免主梢风折或生长衰弱。对冬季或春季主干打头、平茬的幼树，在剪口处萌发的壮枝长到 30cm 左右时，留一直立的健壮枝作全枝培养，其余的截去其长度的 1/3 左右，可连续截 2～3 次。对树冠下的粗大枝，要逐年截，最好留 1～2个细弱枝。

c. 修枝：应在夏季进行，以6月上旬至7月上旬为宜，具有伤口愈合快的优点，一般不再萌发大量枝条，有利于幼树生长。修枝不能过重，应紧贴树干，不留桩，以免形成节子。使用工具应锐利，伤口应平滑，使枝干不劈裂。

③ 修剪萌条：修枝以后，主干或主要侧枝上的旺长枝，要进行摘心或剪梢；对树干基部疏枝处和冬打头的主干顶端，所萌发的新芽和萌条都应及早剪去。

(6) 栽培管理　选择土层深厚、地势平坦、排灌方便、无病虫传染源的沙壤土。选择1～2年生、直径5～10mm、无病虫害的光滑根段，剪成5～7cm长备用。顺畦开沟，沟距50cm，深5cm，然后将根段以30cm的株距平放于沟内，覆盖细沙土，浇透定根水，盖好地膜，1个月左右即可出苗。

出苗后及时揭膜、浇水，遇连续阴雨则应注意排水。幼苗期要及时拔草，抹掉侧芽，浅松表土，切勿伤及嫩弱短根。在植物表面喷施新高脂膜，能防止病菌侵染，提高抗自然灾害能力，提高光合作用强度，保护禾苗茁壮成长。

适量施肥，久旱时则以清粪水抗旱兼施追肥，促苗健壮。在保持合理水肥的情况下，适时喷施新高脂膜，保肥保墒。苗木于当年秋末落叶后或下年春季萌芽前移栽定植。按规划打穴、施肥，栽植后填土压实，浇透定根水，成活率一般95%以上。秋后树高可达2～3m，胸径3～5cm，第2年开花。香花槐树干挺拔、树冠开张、树形优美、花朵艳丽、香气袭人。

二十二、栾树

(1) 学名　*Koelreuteria paniculata* Laxm.

(2) 科属　无患子科栾树属。

(3) 树种简介　乔木，叶丛生于当年生枝上，平展，一回、不完全二回或偶有二回羽状复叶，长可达50cm；小叶(7～)11～18片(顶生小叶有时与最上部的一对小叶在中部以下合生)，无柄或具极短的柄，对生或互生，纸质，卵形、阔卵形至卵状披针形，长

(3～)5～10cm，宽 3～6cm，顶端短尖或短渐尖，基部钝至近截形，边缘有不规则的钝锯齿，齿端具小尖头，有时近基部的齿疏离呈缺刻状，或羽状深裂达中肋而形成二回羽状复叶，上面仅中脉上散生皱曲的短柔毛，下面在脉腋具髯毛，有时小叶背面被茸毛。

聚伞圆锥花序长 25～40cm，密被微柔毛，分枝长而广展，在末次分枝上的聚伞花序具花 3～6 朵，密集呈头状；苞片狭披针形，被小粗毛；花淡黄色，稍芬芳；花梗长 2.5～5mm；萼裂片卵形，边缘具腺状缘毛，呈啮蚀状；花瓣 4，开花时向外反折，线状长圆形，长 5～9mm，瓣爪长 1～2.5mm，被长柔毛，瓣片基部的鳞片初时黄色，开花时橙红色，参差不齐的深裂，被疣状皱曲的毛；雄蕊 8 枚，在雄花中的长 7～9mm，雌花中的长 4～5mm，花丝下半部密被白色、开展的长柔毛；花盘偏斜，有圆钝小裂片；子房三棱形，除棱上具缘毛外无毛，退化子房密被小粗毛。

蒴果圆锥形，具 3 棱，长 4～6cm，顶端渐尖，果瓣卵形，外面有网纹，内面平滑且略有光泽；种子近球形，直径 6～8mm。花期 6～8 月，果期 9～10 月（图 6-128～图 6-131，见彩图）。

栾树喜光，稍耐半阴；耐寒，但是不耐水淹，耐干旱和瘠薄，对环境的适应性强，喜欢生长于石灰质土壤中，耐盐渍及短期水涝。栾树具有深根性，萌蘖力强，生长速度中等，幼树生长较慢，以后渐快，有较强抗烟尘能力。在中原地区尤其是许昌鄢陵多有栽植。

栾树产于我国北部及中部大部分省区，世界各地有栽培。

(4) 繁殖方法

① 播种繁殖：栾树果实于 9～10 月成熟。选生长良好、干形通直、树冠开阔、果实饱满、处于壮龄期的优良单株作为采种母树，在果实显红褐色或橘黄色而蒴果尚未开裂时及时采集，不然将自行脱落。但也不宜采得过早，否则种子发芽率低。

果实采集后去掉果皮、果梗，应及时晾晒或摊开阴干，待蒴果开裂后，敲打脱粒，用筛选法净种。种子黑色，圆球形，径约 0.6cm，出种率约 20%，千粒重 150g 左右，发芽率 60%～80%。

图 6-128　栾树全株

图 6-129　栾树枝叶

图 6-130　栾树果实

图 6-131　栾树的花

栾树种子种皮坚硬，不易透水，如不经过催芽管理，第 2 年春播常不发芽或发芽率很低。所以，当年秋季播种，让种子在土壤中完成催芽阶段，可省去种子储藏、催芽等工序。经过一冬后，第 2 年春天，幼苗出土早而整齐，生长健壮（图 6-132）。

在晚秋选择地势高燥、排水良好、背风向阳处挖坑。坑宽 1～1.5m，深在地下水位之上，冻层之下，大约 1m，坑长视种子数量而定。坑底可铺 1 层石砾或粗沙，厚 10～20cm，坑中插 1 束草把，以便通气。将消毒后的种子与湿沙混合，放入坑内，种子和沙体积比为 1∶3 或 1∶5，或一层种子一层沙交错层积。每层厚度为 5cm 左右。沙子湿度以用手能握成团、不出水、松手触之即散开为宜。

图 6-132　栾树种子催芽

图 6-133　栾树播种苗

装到离地面 20cm 左右为止，上覆 5cm 河沙和 10～20cm 厚的秸秆等，四周挖好排水沟。

栾树一般采用大田育苗（图 6-133）。播种地要求土壤疏松透气，整地要平整、精细，对干旱少雨地区，播种前宜灌好底水。栾树种子的发芽率较低，用种量宜大，一般每平方米需 50～100g。

春季 3 月播种，取出种子直接播种。在选择好的地块上施基肥，撒呋喃丹颗粒剂或锌硫磷颗粒剂，每亩 3000～4000g，用于杀虫。采用阔幅条播，既利于幼苗通风透光，又便于管理。干藏的种子播种前 45 天左右，采用阔幅条播。播种后，覆一层 1～2cm 厚的疏松细碎土，防止种子干燥失水或受鸟兽危害。随即用小水浇 1 次，然后用草、秸秆等材料覆盖，以提高地温，保持土壤水分，防止杂草滋长和土壤板结，约 20 天后苗出齐，撤去稻草。

② 扦插繁殖

a. 插条的采集：在秋季树木落叶后，结合 1 年生小苗平茬，把基径 0.5～2cm 的树干收集起来作为种条，或采集多年生栾树的当年萌蘖苗干、徒长枝作种条，边采集边打捆。整理好后立即用湿土或湿沙掩埋，使其不失水分以备作插穗用。

b. 插穗的剪取：取出掩埋的插条，剪成 15cm 左右长的小段，上剪口平剪，距芽 1.5cm，下剪口在靠近芽下剪切，下剪口斜剪。

c. 插穗的冬藏：冬藏地点应选择不易积水的背阴处，沟深

80cm 左右，沟宽和长视插穗而定。在沟底铺一层厚 2～3cm 的湿沙，把插穗竖放在沙藏沟内。注意叶芽方向向上，单层摆放，再覆盖 50～60cm 厚的湿沙。

d. 扦插：插壤以含腐殖质较丰富、土壤疏松、通气性和保水性好的壤土为好，施腐熟有机肥。插壤秋季准备好，深耕细作，整平整细，翌年春季扦插。株行距 30cm×50cm，先用木棍打孔，直插，插穗外露 1～2 个芽。

e. 插后管理：保持土壤水分，适当搭建荫棚并施氮肥、磷肥，进行适当灌溉并追肥，苗木硬化期时，控水控肥，促使木质化。

(5) 整形修剪　栾树树冠近圆球形，树形端正，一般采用自然式树形。因用途不同，其整形要求也有所差异。行道树用苗要求主干通直（图 6-134），第一分枝高度为 2.5～3.5m，树冠完整丰满，枝条分布均匀、开展。庭荫树要求树冠庞大、密集，第一分枝高度比行道树低。在培养过程中，应围绕上述要求采取相应的修剪措施。一般可在冬季或移植时进行。

图 6-134　栾树用作行道树

(6) 栽培管理

① 遮阴：遮阴时间、遮阴度应视当时当地的气温和气候条件而定，以保证其幼苗不受日灼危害为度。进入秋季要逐步延长光照时间和光照强度，直至接受全光，以提高幼苗的木质化程度。

② 间苗、补苗：幼苗长到5～10cm高时要间苗，以株距10～15cm间苗后结合浇水施追肥，每平方米留苗12株左右。间苗要求间小留大，去劣留优，间密留稀，全苗等距，并在阴雨天进行为好。结合间苗，对缺株进行补苗处理，以保证幼苗分布均匀。

③ 日常管理：要经常松土、除草、浇水，保持床面湿润，秋末落叶后大部分苗木可高达2m，地径粗在2cm左右。将苗子掘起分级，第2年春移植，移植前将根稍剪短一些，移植结束后从根茎处截去苗干，即从地表处平茬，随即浇透水。发芽后要经常抹芽，只留最强壮的一芽培养成主干。生长期经常松土、除草、浇水、追肥，至秋季就可养成通直的树干。

④ 移植：芽苗移栽能促使苗木根系发达，1年生苗高50～70cm。栾树属深根性树种，宜多次移植以形成良好的有效根系。播种苗于当年秋季落叶后即可掘起入沟假植，翌春分栽。由于栾树树干不易长直，第1次移植时要平茬截干，并加强肥水管理。春季从基部萌蘖发出枝条，选留通直、健壮者培养成主干，则主于生长快速、通直。第1次截干达不到要求的，第2年春季可再行截干处理。以后每隔3年左右移植1次，移植时要适当剪短主根和粗侧根，以促发新根。栾树幼树生长缓慢，前2次移植宜适当密植，利于培养通直的主干，节省土地。此后应适当稀疏，培养完好的树冠。

⑤ 施肥：施肥是培育壮苗的重要措施。幼苗出土长根后，宜结合浇水勤施肥。在年生长旺期，应施以氮为主的速效性肥料，促进植株的营养生长。入秋，要停施氮肥，增施磷、钾肥，以提高植株的木质化程度，提高苗木的抗寒能力。冬季，宜施农家有机肥料作为基肥，既为苗木生长提供持效性养分，又起到保温、改良土壤的作用。随着苗木的生长，要逐步加大施肥量，以满足苗木生长对

养分的需求。第1次追肥量应少，每亩2500～3000g氮素化肥，以后隔15天施1次肥，肥量可稍大。

二十三、白蜡

(1) 学名　*Fraxinus chinensis* Roxb.

(2) 科属　木犀科梣属。

(3) 树种简介　落叶乔木，高10～12m；树皮灰褐色，纵裂。芽阔卵形或圆锥形，被棕色柔毛或腺毛。小枝黄褐色，粗糙，无毛或疏被长柔毛，旋即秃净，皮孔小，不明显。羽状复叶长15～25cm；叶柄长4～6cm，基部不增厚；叶轴挺直，上面具浅沟，初时疏被柔毛，旋即秃净；小叶5～7枚，硬纸质，卵形、倒卵状长圆形至披针形，长3～10cm，宽2～4cm，顶生小叶与侧生小叶近等大或稍大，先端锐尖至渐尖，基部钝圆或楔形，叶缘具整齐锯齿，上面无毛，下面无毛或有时沿中脉两侧被白色长柔毛，中脉在上面平坦，侧脉8～10对，下面凸起，细脉在两面凸起，明显网结；小叶柄长3～5mm。圆锥花序顶生或腋生枝梢，长8～10cm；花序梗长2～4cm，无毛或被细柔毛，光滑，无皮孔；花雌雄异株；雄花密集，花萼小，钟状，长约1mm，无花冠，花药与花丝近等长；雌花疏离，花萼大，桶状，长2～3mm，4浅裂，花柱细长，柱头2裂。翅果匙形，长3～4cm，宽4～6mm，上中部最宽，先端锐尖，常呈犁头状，基部渐狭，翅平展，下延至坚果中部，坚果圆柱形，长约1.5cm；宿存萼紧贴于坚果基部，常在一侧开口深裂。花期4～5月，果期7～9月（图6-135～图6-138，见彩图）。

白蜡产于南北各省区。多为栽培，也见于海拔800～1600m山地杂木林中。越南、朝鲜也有分布。

白蜡属于喜光树种，对霜冻较敏感。喜深厚较肥沃湿润的土壤，常见于平原或河谷地带，较耐轻盐碱性土。也见于海拔800～1600m山地杂木林中。

(4) 繁殖方法

① 播种育苗：春播宜早，一般在2月下旬至3月上旬播种。

图 6-135　白蜡全株

图 6-136　白蜡枝叶

图 6-137　白蜡的花

图 6-138　白蜡果实

开沟条播，每 667m^2 用种量 3～4kg，深度为 4cm，深度要均匀，应随开沟，随播种，随覆土，覆土厚度 2～3cm。为使土种密接，覆土后进行镇压（图 6-139）。

② 扦插育苗：春季 3 月下旬至 4 月上旬进行，扦插前细致整地，施足基肥，使土壤疏松，水分充足。从生长迅速、无病虫害的健壮幼龄母树上选取 1 年生萌芽枝条，一般枝条粗度为 1cm 以上，长度 15～20cm，上切口平剪，下切口为马耳形。每穴插 2～3 根，使插条分散开，行距 40cm，株距 20cm，春插宜深埋，砸实、少露头，每 667m^2 插 4000 株（图 6-140）。

（5）整形修剪　对于白蜡桩景、盆景修剪可控制树桩生长，保持矮性，促使分枝并使叶片密集，达到大树变小、小中寓大的艺术

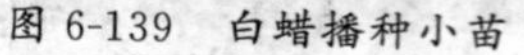

图 6-139　白蜡播种小苗

图 6-140　白蜡扦插苗

效果。同时，修剪又是保证桩景植物在盆土少、水肥受盆中限制的条件下正常生长发育、老而不衰的重要措施。一般落叶树种一年四季均可修剪，但以落叶后发芽为宜，因为此时树上无叶，可以看清树枝长势，便于操作。

(6) 栽培管理

① 养护：在幼苗生长过程中，加强对幼苗的抚育管理，是培育壮苗的关键。根据苗木生长的不同时期，合理确定灌溉时间和数量。在种子发芽期，床面要经常保持湿润，灌溉应少量多次；幼苗出齐后，子叶完全展开，进入旺盛生长期，灌溉量要多，次数要少，每 2～3 天灌溉 1 次，每次要浇透浇足。灌溉时间宜在早晚进行。秋季多雨时要及时排水。

② 除草：本着“除早、除小、除了”的原则，及时拔除杂草，除草最好在雨后或灌溉后进行，苗木进入生长盛期应进行松土，初期宜浅，后期稍深，以不伤苗木根系为准。苗木硬化期，为促进苗木木质化，应停止松土除草。

③ 施肥：苗木施肥应以基肥为主，但其营养不一定能满足苗木生长需要，为使苗木速生粗壮，在苗木生长旺盛期应施化肥加以补充。幼苗期施氮肥，苗木速生期多施氮肥、钾肥或几种肥料配合使用，生长后期应停施氮肥，多施钾肥，追肥应以速效性肥料（如尿素、磷酸二氢钾、过磷酸钙）为主，少量多次。

④ 间苗：为调整苗木密度，需进行间苗和补苗。白蜡种子育

苗的圃地，一般间苗 2 次，第 1 次在苗木出齐长出两对真叶时进行，第 2 次在苗木叶子互相重叠时进行。间苗应留优去劣，除去发育不良的、有病虫害的、有机械损伤的和过于密集的苗子。最好在雨后土壤湿润时进行间苗。

二十四、西府海棠

(1) 学名　*Malus micromalus* Makino.

(2) 科属　蔷薇科苹果属。

(3) 树种简介　小乔木，高达 2.5～5m，树枝直立性强；小枝细弱圆柱形，嫩时被短柔毛，老时脱落，紫红色或暗褐色，具稀疏皮孔；冬芽卵形，先端急尖，无毛或仅边缘有茸毛，暗紫色。叶片长椭圆形或椭圆形，长 5～10cm，宽 2.5～5cm，先端急尖或渐尖，基部楔形稀近圆形，边缘有尖锐锯齿，嫩叶被短柔毛，下面较密，老时脱落；叶柄长 2～3.5cm；托叶膜质，线状披针形，先端渐尖，边缘有疏生腺齿，近于无毛，早落。

伞形总状花序，有花 4～7 朵，集生于小枝顶端，花梗长 2～3cm，嫩时被长柔毛，逐渐脱落；苞片膜质，线状披针形，早落；花直径约 4cm；萼筒外面密被白色长茸毛；萼片三角卵形，三角披针形至长卵形，先端急尖或渐尖，全缘，长 5～8mm，内面被白色茸毛，外面较稀疏，萼片与萼筒等长或稍长；花瓣近圆形或长椭圆形，长约 1.5cm，基部有短爪，粉红色；雄蕊约 20，花丝长短不等，比花瓣稍短；花柱 5，基部具茸毛，约与雄蕊等长。果实近球形，直径 1～1.5cm，红色，萼洼、梗洼均下陷，萼片多数脱落，少数宿存。花期 4～5 月，果期 8～9 月（图 6-141～图 6-144，见彩图）。

西府海棠喜光，耐寒，忌水涝，忌空气过湿，较耐干旱。

我国辽宁、河北、山西、山东、陕西、甘肃、云南等地均有分布。

(4) 繁殖方法　海棠通常以嫁接或分株繁殖，亦可用播种、压条及根插等方法繁殖。用嫁接所得苗木，开花可以提早，而且能保

图 6-141　西府海棠全株

图 6-142　西府海棠花和叶

图 6-143　西府海棠的果实

图 6-144　西府海棠种子

持原有优良特性。

① 播种法：实生苗虽生长较慢，但常产生变异，故为获得大量砧木或杂交育种时，仍采用播种法。我国北方常用的砧木种类有山定子、西府海棠、裂叶海棠果等；南方则用湖北海棠。海棠种子在播种前，必须经过 30～100 天低温层积处理。充分层积的种子，出苗快、整齐，而且出苗率高；不层积的种子不能发芽，或极少发芽。也可在秋季采果、去肉、稍晾后即播种在沙床上，让种子自然后熟。覆土深度约 1cm，上覆塑料膜保墒，出苗后揿去塑料膜，及时撒施一层疏松肥土，苗期加强肥水管理，当年晚秋便可移栽（图 6-145）。

② 嫁接法：以播种繁殖的实生苗为砧木，进行枝接或芽接

图 6-145　西府海棠播种苗

图 6-146　西府海棠嫁接苗

(图 6-146)。春季树液流动发芽时进行枝接，秋季（7～9 月）可以芽接。枝接可用切接、劈接等法。接穗选取发育充实的 1 年生枝条，取其中段（有 2 个以上饱满的芽），接后用细土盖住接穗，芽接多用“T”字接法，接后 10 天左右，凡芽新鲜，叶柄一角即落者为接活之证明，数日后即可去除扎缚物。当苗高 80～100cm 时，养成骨干枝，之后只修剪过密枝、内向枝、重叠枝、保持圆整树冠。

③ 分株法：于早春萌芽前或秋冬落叶后进行，挖取从根际萌生的蘖条，分切成若干单株，或以 2～3 条带根的萌条为一簇，进行移栽。分栽后要及时浇透，注意保墒，必要时予以遮阴，旱时浇水。

(5) 整形修剪　西府海棠除自然式圆头形外，更宜采用疏散分层形。幼树移植后，定干 1～1.3m 截顶。春季萌芽后，将先端生长最强的一枝培养成中心干，其下选留 3～4 个方向适宜、相距 10～20cm 的枝条为主枝，剪除其余枝条。翌年冬，留 60cm 短截中心干延长枝，剪口芽方向与上一年留芽方向相反；留 40～50cm 短截主枝，剪口均留外芽或侧芽。第 3 年冬，留 60cm 短截中心干延长枝，选留 2 个距第一层主枝 70～100cm，并且错落配置的第二层主枝，短截。第 4 年依此类推，选留第三层主枝。每年短截侧枝，同时重短截无利用价值的长枝，不短截中短枝。成年后基本树形已经形成，注意剪除枯死枝、病虫枝、过密枝、交叉枝、重叠枝，疏除或重短截徒长枝，并及时回缩复壮细弱冗长的枝组。

西府海棠也做桩景盆栽，取材于野生苍老的树桩（图6-147)，在春季萌芽前采掘，带好宿土，护根保湿。经过1～2年的养护，待树桩初步成型后，可在清明前上盆。初栽时根部要多壅一些泥土，以后再逐步提根，配以拳石，便成具有山林野趣的海棠桩景。新上盆的桩景，要遮阴一段时间后，才可转入正常管理。为使桩景花繁果多，水肥管理应该加强。花前要追施1～2次磷氮混合肥后每隔半个月追施1次稀薄磷钾肥。还可在隆冬采用加温催花的方法，将盆栽海棠桩景移入温室向阳处，浇水，加施液肥，以后每天在植株枝干上适当喷水，保持室温在20～25℃，经过30～40天后，即可开花供元旦或春节摆设观赏。

图6-147　西府海棠盆景

(6) 栽培管理　海棠一般多行地栽，时期以早春萌芽前或初冬落叶后为宜。出圃时保持苗木完整的根系是成活的关键。一般大苗要带土球，小苗要根据情况留宿土。苗木栽植后要加强抚育管理，经常保持疏松肥沃。在落叶后至早春萌芽前进行1次修剪，把枯弱枝、病虫枝剪除，以保持树冠疏散，通风透光。为促进植株开花旺盛，须将徒长枝进行短截，以减少发芽的养分消耗。结果枝、蹭枝则不必修剪。在生长期间，如能及时进行摘心，早期限制营养生长，则效果更为显著。

二十五、合欢

(1) 学名　*Albizia julibrissin* Durazz.

(2) 科属　豆科合欢属。

(3) 树种简介　落叶乔木，高可达16m。树干灰黑色；嫩枝、花序和叶轴被茸毛或短柔毛。托叶线状披针形，较小叶小，早落；二回羽状复叶，互生；总叶柄长3～5cm，总花柄近基部及最顶1对羽片着生处各有一枚腺体；羽片4～12对，栽培的有时达20对；小叶10～30对，线形至长圆形，长6～12mm，宽1～4mm，向上偏斜，先端有小尖头，有缘毛，有时在下面或仅中脉上有短柔毛；中脉紧靠上边缘。

头状花序在枝顶排成圆锥大聚伞花序；花粉红色；花萼管状，长3mm；花冠长8mm，裂片三角形，长1.5mm，花萼、花冠外均被短柔毛；雄蕊多数，基部合生，花丝细长；子房上位，花柱几与花丝等长，柱头圆柱形。

荚果带状，长9～15cm，宽1.5～2.5cm，嫩荚有柔毛，老荚无毛。花期6～7月；果期8～10月（图6-148～图6-151，见彩图）。

合欢生于山坡或栽培。合欢喜温暖湿润和阳光充足的环境，对气候和土壤适应性强，宜在排水良好、肥沃的土壤中生长，但也耐瘠薄土壤和干旱气候，但不耐水涝。生长迅速。

合欢性喜光，喜温暖，耐寒、耐旱、耐土壤瘠薄及轻度盐碱，对二氧化硫、氯化氢等有害气体有较强的抗性。

合欢分布于我国华东、华南、西南以及辽宁、河北、河南、陕西等地。朝鲜、日本、越南、泰国、缅甸、印度、伊朗及非洲东部

图 6-148 合欢全株

图 6-149 合欢枝叶

图 6-150 合欢的花

图 6-151 合欢的荚果

也有分布。非洲、中亚至东亚均有分布；美洲亦有栽培。

(4) 繁殖方法 合欢常采用播种繁殖，于 9～10 月间采种，采种时要选择籽粒饱满、无病虫害的荚果，将其晾晒脱粒，干藏于干燥通风处，以防发霉。

春季育苗，播种前将种子浸泡 8～10h 后取出播种。开沟条播，沟距 60cm，覆土 2～3cm，播后保持畦土湿润，约 10 天发芽。1h 每平方米用种量约 150kg。苗出齐后，应加强除草、松土、追肥等管理工作。第 2 年春或秋季移栽，株距 3～5m。移栽后 2～3 年，每年春秋季除草松窝，以促进生长。

(5) 整形修剪 合欢的养护修剪比较简单，通常以整理杂枝为主，注意疏除枯死枝、过密枝、病虫枝、交叉枝等。当枝条过长、下部出现光秃现象时，用换头方法回缩，不宜短截。合欢为合轴分枝，干性弱，枝条开展，分枝较低，主干易弯曲。合欢生长迅速，萌芽力差，但成枝力强，不耐修剪。因此无论是作行道树，还是作孤植、群植，采用无领导干形较为合适。

(6) 栽培管理　合欢苗栽培以春季为宜，要求随挖、随栽、随浇。合欢因其树姿开展、花形优美，常用作行道树。因自然分枝点很低且角度大，所以行道树定干一般在 3m 以上。目前培育高干合欢用强修剪加扶木绑扎的方法，费工费力，效果不佳。根据近年来的工作经验，可将 1 年生苗移植后不截干，培养 1 年，让根系充分生长，翌年再行截干，第 2 年秋后干高可达 3m 以上，达到行道树定干要求，且树干通直。此法简单易行、省工。4 年生苗即可定植，定植应选择平地及缓坡地，于早春萌动前进行裸根栽植，栽植穴内以堆肥作底肥，对新定植的小苗，每年落叶后要定冠修剪，连续修剪 3～4 年。由于合欢根系浅，故栽植时不要过深，干旱季节要适时浇水，以保持土壤湿润，可有效防止病害产生。由于合欢主干纤细，移栽时应小心细致，注意保护根系；必要时对大苗进行拉绳扶植，以防被风吹倒或歪斜。定植后要增加浇水次数，且每次要浇透。秋末施足基肥，以利根系生长和下年花叶繁茂。为满足园林艺术的要求，每年冬末需剪去细弱枝、病虫枝，并对侧枝适当修剪调整，以保证主干端正。

二十六、三角槭

(1) 学名　*Acer buergerianum* Miq.

(2) 科属　槭树科槭属。

(3) 树种简介　落叶乔木，高 5～10m，稀达 20m。树皮褐色或深褐色，粗糙。小枝细瘦；当年生枝紫色或紫绿色，近于无毛；多年生枝淡灰色或灰褐色，稀被蜡粉。冬芽小，褐色，长卵圆形，鳞片内侧被长柔毛。叶纸质，基部近于圆形或楔形，外貌椭圆形或倒卵形，长 6～10cm，通常浅 3 裂，裂片向前延伸，稀全缘，中央裂片三角卵形，急尖、锐尖或短渐尖；侧裂片短钝尖或甚小，以至于不发育，裂片边缘通常全缘，稀具少数锯齿；裂片间的凹缺钝尖；上面深绿色，下面黄绿色或淡绿色，被白粉，略被毛，在叶脉上较密；初生脉 3 条，稀基部叶脉也发育良好，致成 5 条，在上面不显著，在下面显著；侧脉通常在两面都不显著；叶柄长 2.5～5cm，淡紫绿色，细瘦，无毛。

花多数常成顶生被短柔毛的伞房花序，直径约 3cm，总花梗长 1.5～2cm，开花在叶长大以后；萼片 5，黄绿色，卵形，无毛，长约 1.5mm；花瓣 5，淡黄色，狭窄披针形或匙状披针形，先端钝圆，长约 2mm，雄蕊 8，与萼片等长或微短，花盘无毛，微分裂，位于雄蕊外侧；子房密被淡黄色长柔毛，花柱无毛，很短，2 裂，柱头平展或略反卷；花梗长 5～10mm，细瘦，嫩时被长柔毛，渐老近于无毛。

翅果黄褐色；小坚果特别凸起，直径 6mm；翅与小坚果共长 2～2.5cm，稀达 3cm，宽 9～10mm，中部最宽，基部狭窄，张开成锐角或近于直立。花期 4 月，果期 8 月（图 6-152～图 6-155，见彩图）。

图 6-152　三角槭全株

图 6-153　三角槭茎干

三角槭生于海拔 300～1000m 的阔叶林中。弱阳性树种，稍耐阴。喜温暖、湿润环境及中性至酸性土壤。耐寒，较耐水湿，萌芽

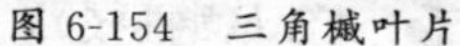

图 6-154　三角槭叶片

图 6-155　三角槭翅果

力强，耐修剪。树系发达，根蘖性强。

三角槭产于我国山东、河南、江苏、浙江、安徽、江西、湖北、湖南、贵州和广东等地。日本也有分布。

(4) 繁殖方法　常见的繁殖方法有三种。

① 播种繁殖：播种前首先要对种子进行挑选，种子选得好不好，直接关系到播种能否成功。最好是选用当年采收的种子。种子保存的时间越长，其发芽率越低。因三角槭种子很小，用手或其他工具难以夹起来，可以把牙签的一端用水蘸湿，把种子一粒一粒地粘放在基质的表面上，覆盖基质 1cm 厚，然后把播种的花盆放入水中，水的深度为花盆高度的 1/2～2/3，让水慢慢地浸上来（这个方法称为“盆浸法”）；对于能用手或其他工具夹起来的较大的种子，直接把种子放到基质中，按 3cm×5cm 的间距点播。播后覆盖基质，覆盖厚度为种粒的 2～3 倍。播后可用喷雾器、细孔花洒把播种基质淋湿，以后当盆土略干时再淋水，仍要注意浇水的力度不能太大，以免把种子冲起来。

② 扦插繁殖：常于春末秋初用当年生的枝条进行嫩枝扦插，或于早春用去年生的枝条进行老枝扦插。建议使用已经配制好并且消过毒的扦插基质，用中粗河沙也行，但在使用前要用清水冲洗几次。海沙及盐碱地区的河沙不要使用，它们不适合花卉植物的生长。

③ 压条繁殖：选取健壮的枝条，从顶梢以下 15～30cm 处把树

皮剥掉一圈，剥后的伤口宽度在 1cm 左右，深度以刚刚把表皮剥掉为限。剪取一块长 10～20cm、宽 5～8cm 的薄膜，上面放些淋湿的园土，像裹伤口一样把环剥的部位包扎起来，薄膜的上下两端扎紧，中间鼓起。4～6 周后生根。生根后，把枝条和根系一起剪下，就成了一棵新的植株。

（5）整形修剪　主要剪掉辅养枝。辅养枝是指植株为增强光合产物需要保留，其在最后造型时又必须去除的枝条。在第 3～6 年的田间造型过程中，多留辅养枝（牺牲枝），从而加快主干和大枝的横向生长，在桩材入盆时，再剪除全部辅养枝（牺牲枝）。

三角枫根系健壮发达，非常适合做提根式或附石式盆景。制作前期，要有一个长时间的蓄枝阶段，以保证枝干健壮。枝条长到 40cm 长以后，就要进行蟠扎。这时候的加工技法应以扎为主，以剪为辅。三角枫的枝条比较脆硬，因此蟠扎时要小心，不要弄折枝条。当盆景基本成型以后，就要以剪为主，以保持树形。8 月上旬前后，分几次摘去老叶，可使三角枫叶片变小，秋叶变红。按需要缩剪过长枝。造型上前期以拉扎为主，后期以修剪为主。枝片、枝角、枝拐的修剪须认真，叶落后观察，发芽前清理。养粗短截，再放长养粗短截，反复几次就成精品了（图 6-156）。

（6）栽培管理　经常喷叶面水，缺水的三角枫生长慢，枝条细弱。生长旺盛的进入 5 月底就应试肥，盆栽施液肥较好，肥料品种很多，选有机肥兑水 10 倍，选傍晚每盆浇几瓢，第二天早上浇一次透水，在整个生长期每 10～15 天 1 次，结合除草、松土。盆栽要注意的是合理的土壤结构、光照、水肥，大盆 2 年必须换土，小盆每年换土修根是保证快速生长的前提。培养盆景对有地的朋友来说如虎添翼，选地势较高、平整地块，土壤半沙半土最佳。松土后挖坑种下，方法和盆栽相同，管理也是一样，但生长速度要优于盆栽，浇水量明显下降。不同的是，中小桩种地下，不方便日后的修剪，底部枝和地面太靠近，通风条件稍差，不能培养悬崖式盆景，

图 6-156　三角槭盆景

需喷除草剂时容易喷到树枝上，造成药害。地栽和盆栽各有千秋，要因地制宜。目前除盆栽和地栽外，还有一种方法用得比较多。垒砖池栽法完全吸收前两者的优点，又避免了缺点，对有地的朋友来说，此方法值得推广。用标准砖在平地搭垒一个池子，大小视桩根基尺寸放大一半以上为好，高度视桩的高低而定，一般 40～60cm，砖池与另一桩池最好是四周留 2m 的空间，桩池底层可放比较肥的土，有塘泥或农家肥的可以放上一些，中间放一层培养土，上部栽桩的土就用含沙的混合土，栽种前要把中、下层土壤按实，避免种好桩后下陷，使桩的角度发生改变。

二十七、色木槭

(1) 学名　*Acer mono* Maxim.

(2) 科属　槭树科槭属。

(3) 树种简介　落叶乔木，高达 15～20m，树皮粗糙，常纵裂，灰色，稀深灰色或灰褐色。小枝细瘦，无毛，当年生枝绿色或紫绿色，多年生枝灰色或淡灰色，具圆形皮孔。冬芽近于球形，鳞片卵形，外侧无毛，边缘具纤毛。叶纸质，基部截形或近于心脏形，叶片的外貌近于椭圆形，长 6～8cm，宽 9～11cm，常 5 裂，有时 3 裂及 7 裂的叶生于同一树上；裂片卵形，先端锐尖或尾状锐尖，全缘，裂片间的凹缺常锐尖，深达叶片的中段，上面深绿色，无毛，下面淡绿色，除了在叶脉上或脉腋被黄色短柔毛外，其余部分无毛；主脉 5 条，在上面显著，在下面微凸起，侧脉在两面均不显著；叶柄长 4～6cm，细瘦，无毛。

花多数，杂性，雄花与两性花同株，多数常成无毛的顶生圆锥状伞房花序，长与宽均约 4cm，生于有叶的枝上，花序的总花梗长 1～2cm，花的开放与叶的生长同时；萼片 5，黄绿色，长圆形，顶端钝，长 2～3mm；花瓣 5，淡白色，椭圆形或椭圆倒卵形，长约 3mm；雄蕊 8，无毛，比花瓣短，位于花盘内侧的边缘，花药黄色，椭圆形；子房无毛或近于无毛，在雄花中不发育，花柱无毛，很短，柱头 2 裂，反卷；花梗长 1cm，细瘦，无毛。

翅果嫩时紫绿色，成熟时淡黄色；小坚果压扁状，长 1～1.3cm，宽 5～8mm；翅长圆形，宽 5～10mm，连同小坚果长 2～2.5cm，张开成锐角或近于钝角。花期 5 月，果期 9 月(图 6-157～图 6-160，见彩图)。

图 6-157　色木槭全株

图 6-158　色木槭茎干

色木槭稍耐阴，深根性，喜湿润肥沃土壤，在酸性、中性土壤及石灰岩上均可生长。萌蘖性强。

该种分布很广，产于我国东北、华北和长江流域各省。俄罗斯

图 6-159　色木槭叶片

图 6-160　色木槭的果实

西伯利亚东部、蒙古、朝鲜和日本也有分布。模式标本采自俄罗斯西伯利亚东部。

色木槭集中分布在我国东北小兴安岭和长白山林区。

(4) 繁殖方法　常见播种繁殖。于4月中旬进行。采取床作条播，播种沟深4～5cm，播幅4～5cm（图6-161），每亩播种量20～25kg。种子播前最好经过湿沙层积催芽。湿沙层积催芽的种子发芽率高，出苗整齐迅速。播种时下种要均匀，播后覆土2～3cm，然后镇压一遍。

(5) 栽培管理　播种后经过2～3周种子发芽出土，湿沙层积催芽的种子可提前出土。出土后3～4天长出真叶，1周内出齐，3周后开始间苗。苗木速生期追施化肥2次，每次每亩追碳酸氢铵10kg。苗期灌水5～6次，及时松土除草，保持床面湿润、疏松、无草。

二十八、复叶槭

(1) 学名　*Acer negundo* L.

(2) 科属　槭树科槭属。

(3) 树种简介　落叶乔木，最高达20m。树皮黄褐色或灰褐

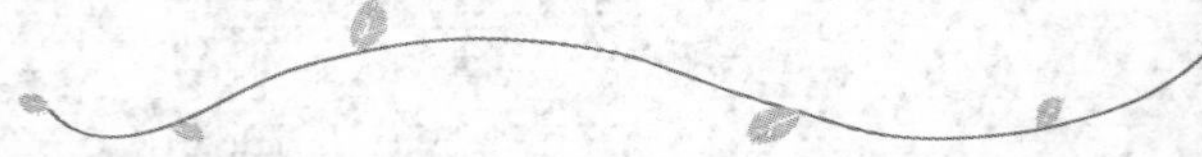

图 6-161 五角槭播种苗

色。小枝圆柱形，无毛，当年生枝绿色，多年生枝黄褐色。冬芽小，鳞片 2，镊合状排列。羽状复叶，长 10～25cm，有 3～7（稀 9）枚小叶；小叶纸质，卵形或椭圆状披针形，长 8～10cm，宽2～4cm，先端渐尖，基部钝形或阔楔形，边缘常有 3～5 个粗锯齿，稀全缘，中小叶的小叶柄长 3～4cm，侧生小叶的小叶柄长 3～5mm，上面深绿色，无毛，下面淡绿色，除脉腋有丛毛外其余部分无毛；主脉和 5～7 对侧脉均在下面显著；叶柄长 5～7cm，嫩时有稀疏的短柔毛淇后无毛。

雄花的花序聚伞状，雌花的花序总状，均由无叶的小枝旁边生出，常下垂，花梗长 1.5～3cm，花小，黄绿色，开于叶前，雌雄异株，无花瓣及花盘，雄蕊 4～6，花丝很长，子房无毛。

小坚果凸起，近于长圆形或长圆卵形，无毛；翅宽 8～10mm，稍向内弯，连同小坚果长 3～3.5cm，张开成锐角或近于直角。花期 4～5 月，果期 9 月（图 6-162～图 6-164，见彩图）。

复叶槭喜光，喜干冷气候，暖湿地区生长不良，耐寒、耐旱、耐干冷、耐轻度盐碱、耐烟尘。

原产北美洲。近百年内始引种于我国，在辽宁、内蒙古、河北、山东、河南、陕西、甘肃、新疆、江苏、浙江、江西、湖北等

图 6-162 复叶槭全株

图 6-163 复叶槭枝叶

图 6-164 复叶槭的花

图 6-165 复叶槭播种小苗

省区的各主要城市都有栽培。在东北和华北各省市生长较好。

(4) 繁殖方法

① 播种繁殖：复叶槭种子发芽较快，不需沙藏。播种前先用60℃左右的温水浸种，次日捞出换凉水再浸，连续4天，每日换水1次。翅果吸满水后膨胀，果皮发软，再将其捞出置于25℃左右处，下面垫一层麻袋，上面覆一层麻袋进行催芽。每日上午、下午各洒水1次并全面翻动，4～5天有30%发出白芽，此时稍摊薄晾干表面水分后即可播种。在催芽时不可堆放过厚，一般不超过20cm，以免过厚引起发热使翅果霉烂。播种量为5～7.5kg/亩，产苗量1万株/亩（图 6-165）。

② 嫁接繁殖：砧木应选4～5年生稍大一点的实生苗。移植时应带土坨，以保证成活。

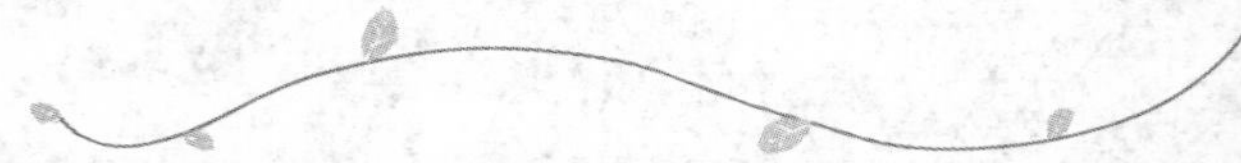

(5) 栽培管理　出苗前用除草醚除草，$1g/m^2$，施后 8h 内不能浇水。播种 1 天后要始终保持床面湿润，浇水要本着次多量少的原则，进入 8 月不旱不浇，浇则浇透。过密的苗木要及时间除，留苗量，床作的每平方米留苗 150 株，每亩留苗 6 万株；垄作的，每一延长米留苗 50 株，每亩留苗 5 万株。当年苗高 60～250cm。复叶槭 1 年生幼苗也可留床生长 1 年，留床生长的 1 年生苗木密度要控制在每平方米留苗 60～80 株，留床生长 1 年后的苗木高度可达到120～400cm，苗木根系发达，干性好，更适宜用来培育大规格苗木。

二十九、香椿

(1) 学名　*Toona sinensis*（A. Juss.）Roem.

(2) 科属　楝科香椿属。

(3) 树种简介　乔木；树皮粗糙，深褐色，片状脱落。叶具长柄，偶数羽状复叶，长 30～50cm 或更长；小叶 16～20，对生或互生，纸质，卵状披针形或卵状长椭圆形，长 9～15cm，宽 2.5～4cm，先端尾尖，基部一侧圆形，另一侧楔形，不对称，边全缘或有疏离的小锯齿，两面均无毛，无斑点，背面常呈粉绿色，侧脉每边 18～24 条，平展，与中脉几成直角开出，背面略凸起；小叶柄长 5～10mm。

圆锥花序与叶等长或更长，被稀疏的锈色短柔毛或有时近无毛，小聚伞花序生于短的小枝上，多花；花长 4～5mm，具短花梗；花萼 5 齿裂或浅波状，外面被柔毛，且有睫毛；花瓣 5，白色，长圆形，先端钝，长 4～5mm，宽 2～3mm，无毛；雄蕊 10，其中 5 枚能育，5 枚退化；花盘无毛，近念珠状；子房圆锥形，有 5 条细沟纹，无毛，每室有胚珠 8 颗，花柱比子房长，柱头盘状。

蒴果狭椭圆形，长 2～3.5cm，深褐色，有小而苍白色的皮孔，果瓣薄；种子基部通常钝，上端有膜质的长翅，下端无翅。花期 6～8月，果期 10～12 月（图 6-166～图 6-169，见彩图）。

香椿喜温，适宜在平均气温 8～10℃的地区栽培，抗寒能力随

图 6-166　香椿全株

图 6-167　香椿枝叶

图 6-168　香椿茎干

图 6-169　香椿的花果

苗树龄的增加而提高。用种子直播的 1 年生幼苗在－10℃左右可能受冻。

原产我国中部和南部。东北自辽宁南部，西至甘肃，北起内蒙古南部，南到广东、广西，西南至云南均有栽培。其中尤以山东、河南、河北栽植最多。河南信阳地区有较大面积的人工林。陕西秦岭和甘肃小陇山有天然分布。垂直分布在海拔 1500m 以下的山地和广大平原地区，最高达海拔 1800m。

(4) 繁殖方法　香椿的繁殖分播种育苗和分株繁殖（也称根蘖繁殖）两种。

① 播种繁殖：由于香椿种子发芽率较低，因此，播种前，要

将种子在 30～35℃温水中浸泡 24h，捞起后置于 25℃处催芽。至胚根露出时播种（图 6-170）（播种时的地温最低在 5℃左右）。出苗后，2～3 片真叶时间苗，4～5 片真叶时定苗，行株距为25cm×15cm。

② 分株繁殖：可在早春挖取成株根部幼苗，植在苗地上，当次年苗长至 2m 左右，再行定植（图 6-171）。也可采用断根分蘖方法，于冬末春初，在成树周围挖 60cm 深的圆形沟，切断部分侧根，而后将沟填平，由于香椿根部易生不定根，因此断根先端萌发新苗，次年即可移栽。移栽后喷施新高脂膜，可有效防止地上水分蒸发，苗体水分不蒸腾，隔绝病虫害，缩短缓苗期。

图 6-170　香椿播种苗

图 6-171　香椿分株苗

(5) 整形修剪

① 春剪：香椿春季修剪属于造型修剪，一般与椿芽采收同步进行。从香椿栽培后的第 2 年开始，去掉 2 年生树梢的顶芽，当年便会萌发出 2～3 个新芽。如果树干高度合适则可保留新芽，木质化后将成为 2～3 个侧枝；如果树干高度过高则可将其新芽摘心（不可将芽全部采下），促其下部芽苞萌发出新芽，根据需要的位置保留 2～3 个萌发的新芽，木质化后成为侧枝。第 3 年后 3 个侧枝的顶端又会生出新芽，修剪时去掉 3 个侧枝的顶芽，当年每个侧枝又会萌生出 2～3 个新侧芽，木质化后形成新侧枝。这样成型后，每棵树就有 6～9 个骨干枝。此类树形树干高、枝条大、树冠层面厚、通风采光好、采收面大、产量较稳定。

② 夏剪：由于香椿产量、品质主要决定于顶芽的多少，单位

面积内的枝条多、顶芽多才能高产，故需对香椿树进行必要的夏季整形和修剪，以促使其形成较多的分枝。夏季修剪一般在 7～8 月的晴天 15 时左右进行，这样有利伤口愈合，切忌阴天剪枝。在修剪成型后的香椿树上，将生长过强、过高的枝条打顶或截短，以促进侧芽萌发形成新枝和复壮较弱的部分，形成更多顶芽饱满的短侧枝。

③ 冬剪：冬季修剪最好在初冬（或晚秋）和早春休眠期进行。疏去 1 年生过密枝、过弱枝、病虫枝、枯死枝和多年生老枝。修枝的刀斧要锋利，修剪时要紧贴树干由下向上切削，切口要平滑，伤口要小。切忌生搬、拉伤树皮，影响树木生长发育。

④ 复壮：经过 7～8 年的采收，当萌芽部位外移到树冠外层、长势变弱、新芽少而瘦弱，说明树头已经老化，应该进行换头更新了。换头一般在春季采芽时进行。方法是，从第 3 年分枝砍枝留茬，也就是砍去第 3 年以后生的所有枝头。注意第 3 年的分枝留茬长度应在 20～30cm，以利于促发新枝，保持树形完整，树体强健。换头后的当年每个留茬干上都应长出新芽，但修剪过度会造成树体生长不良。如果留茬不足，往往会在第 2 年骨干枝上长出新芽，使树形变坏。有的复壮只剩下主干，会造成多枝重生，修剪过度还会造成树体死亡。

(6) 栽培管理　播后 7 天左右出苗，未出苗前严格控制浇水，以防土壤板结影响出苗。当小苗出土长出 4～6 片真叶时，应进行间苗和定苗。定苗前先浇水，以株距 20cm 定苗。株高 50cm 左右时，进行苗木的矮化处理。用 15％多效唑 200～400 倍液，每 10～15 天喷 1 次，连喷 2～3 次，即可控制徒长，促苗矮化，增加物质积累。在进行多效唑处理的同时结合摘心，可以增加分枝数。

香椿为速生木本蔬菜，需水量不大，肥料以钾肥需求较高，每 $300m^2$ 的温棚，底肥需充分腐熟的优质农家肥 2500kg 左右、草木灰 75～150kg 或磷酸二氢钾 3～6kg、碳酸二铵 3～6kg。每次采摘后，根据地力、香椿长势及叶色，适量追肥、浇水。

三十、臭椿

(1) 学名 *Ailanthus altissima* (Mill.) Swingle.

(2) 科属 苦木科臭椿属。

(3) 树种简介 落叶乔木，高可达20余米，树皮平滑而有直纹；嫩枝有髓，幼时被黄色或黄褐色柔毛，后脱落。叶为奇数羽状复叶，长40～60cm，叶柄长7～13cm，有小叶13～27；小叶对生或近对生，纸质，卵状披针形，长7～13cm，宽2.5～4cm，先端长渐尖，基部偏斜，截形或稍圆，两侧各具1～2个粗锯齿，齿背有腺体1个，叶面深绿色，背面灰绿色，揉碎后具臭味。

圆锥花序长10～30cm；花淡绿色，花梗长1～2.5mm；萼片5，覆瓦状排列，裂片长0.5～1mm；花瓣5，长2～2.5mm，基部两侧被硬粗毛；雄蕊10，花丝基部密被硬粗毛，雄花中的花丝长于花瓣，雌花中的花丝短于花瓣；花药长圆形，长约1mm；心皮5，花柱黏合，柱头5裂。

翅果长椭圆形，长3～4.5cm，宽1～1.2cm；种子位于翅的中间，扁圆形。花期4～5月，果期8～10月（图6-172～图6-175，见彩图）。

臭椿喜光，不耐阴。适应性强，除黏土外，各种土壤和中性、酸性及钙质土都能生长，适生于深厚、肥沃、湿润的沙质土壤。耐寒，耐旱，不耐水湿，长期积水会烂根死亡。深根性。垂直分布在海拔100～2000m范围内。

臭椿分布于我国北部、东部及西南部，东南至台湾省。世界各地广为栽培。

(4) 繁殖方法 用种子或根蘖苗分株繁殖。

一般用播种繁殖。播种育苗容易，以春季播种为宜。在黄河流域一带有晚霜为害，春播不宜过早。种子千粒重28～32g，发芽率70%左右。播种量每亩3～5kg。通常用低床或垄作育苗。栽植造林多在春季，一般在苗木上部壮芽膨胀成球状时进行。在干旱多风地区也可截干造林。立地条件较好的阴坡或半阴坡也可直播造林。

图 6-172　臭椿全株

图 6-173　臭椿主干

图 6-174　臭椿枝叶

图 6-175　臭椿的花果

臭椿的根蘖性很强，也可采用分根、分蘖等方法繁殖。

(5) 整形修剪　臭椿采用高位分枝的中央领导干形（图 6-176)，整形带为 3～4m。1 年生苗高可达 1m 以上。由于萌蘖性强，在培养主干时要进行剥芽，留少数辅养枝。到分枝高度后培养好主枝、次级主枝等骨架枝，逐步疏去辅养枝和多余分枝，培养 3～4年即可成型。

成型后的臭椿，由于无顶芽及骨架枝较多等原因，中央领导干

图 6-176　臭椿中央领导干形

会逐渐衰退，可任其自然，有利于扩大树冠。臭椿的定型和养护修剪时间以冬季为宜。养护修剪不必多，十分简单，除少量杂枝外，以剪去萌蘖枝为主。

(6) 栽培管理　臭椿的栽植冬春两季均可，春季栽苗宜早栽，在苗干上部壮芽膨大成球状时栽植成活率最高，栽植时要做到穴大、深栽、踩实、少露头。干旱或多风地带宜采用截干造林。臭椿多“四旁”栽植，一般采用壮苗或 3～5 年生幼树栽植，栽后及时浇水，确保成活。

三十一、榆树

(1) 学名　*Ulmus pumila* L.

(2) 科属　榆科榆属。

(3) 树种简介　落叶乔木，高达 25m，胸径 1m，在干瘠之地长成灌木状；幼树树皮平滑，灰褐色或浅灰色，大树之皮暗灰色，不规则深纵裂，粗糙；小枝无毛或有毛，淡黄灰色、淡褐灰色或灰色，稀淡褐黄色或黄色，有散生皮孔，无膨大的木栓层及凸起的木栓翅；冬芽近球形或卵圆形，芽鳞背面无毛，内层芽鳞的边缘具白色长柔毛。叶椭圆状卵形、长卵形、椭圆状披针形或卵状披针形，长 2～8cm，宽 1.2～3.5cm，先端渐尖或长渐尖，基部偏斜或近对称，一侧楔形至圆形，另一侧圆形至半心脏形，叶面平滑无毛，叶背幼时有短柔毛，后变无毛或部分脉腋有簇生毛，边缘具重锯齿或单锯齿，侧脉每边9～16条，叶柄长4～10mm，通常仅上面有短柔毛。花先叶开放，在去年生枝的叶腋成簇生状。

翅果近圆形，稀倒卵状圆形，长1.2～2cm，除顶端缺口柱头面被毛外，余处无毛，果核部分位于翅果的中部，上端不接近或接近缺口，成熟前后其色与果翅相同，初淡绿色，后白黄色，宿存花被无毛，4浅裂，裂片边缘有毛，果梗较花被为短，长1～2mm，被（或稀无）短柔毛。花果期3～6月（东北较晚）（图6-177～图6-179，见彩图）。

图6-177　榆树全株

榆树为阳性树，生长快，根系发达，适应性强，能耐干冷气候及中度盐碱，但不耐水湿（能耐雨季水涝）。抗风能力强，寿命长，抗有毒气体，能适应城市环境。

分布于我国东北、华北、西北及西南各省区。生于海拔1000～2500m以下之山坡、山谷、川地、丘陵及沙岗等处。朝鲜、俄罗斯、蒙古也有分布。

（4）繁殖方法　主要采用条播种子育苗，4月中旬榆钱由绿色变浅黄色时适时采种，阴干后及时播种。一般采用条播，行距30cm，覆土1cm，踩实，因发芽时正是高温干燥季节，最好再覆

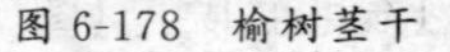

图 6-178 榆树茎干

图 6-179 榆树枝叶和花果

3cm 土保湿，发芽时用耙子耙平。每亩用种 4kg 左右。苗高 10cm 左右间苗至株距 10～20cm，第 2 年间苗至株行距 60cm×30cm，以后根据培养苗木的大小间苗至合适的密度（图 6-180，见彩图）。

图 6-180 榆树播种苗

图 6-181 榆树盆景

（5）整形修剪 此处就榆树盆景（图 6-181）制作做简单介绍。刚挖掘的榆树老桩要用素沙土地栽或植于瓦盆内进行“养桩”。一般在秋末至春季进行（萌芽前的 2～3 个月成活率最高），栽种前首先要对根系和枝干进行修剪，其剪口处常有黏性树液流出。若液体渗出过多，将严重影响成活率。可用漆、蜡封在切口处，也可涂上一层红霉素药膏或磺胺软膏，然后撒上细沙土。栽种后尽量将土压实，可不必浇水，只须每天向枝干喷 1～2 次清水，3～4 天后再浇 1 次透水。以后不干不浇，严禁土壤积水。

其次，榆树盆景造型时应根据老桩的基本形态，经过盘扎、修剪等制成直干式、曲干式、斜干式、临水式、悬崖式、风吹式、丛林式、附石式等不同形式的盆景。造型时间可在落叶后的休眠期，也可在生长期，但要避开萌芽期。

成型后的榆树盆景在春季萌动前栽入紫砂盆之类的细盆观赏，宜用疏松透气、排水良好、含腐殖质丰富的沙质土壤栽种。平时放在通风良好、光照充足处养护，保持盆土湿润而不积水。夏季高温干燥时可向植株周围地面洒水，但不宜向叶面直接喷水，以免叶片变大失去美感。每 20 天左右施 1 次腐熟的稀薄液肥。

榆树的萌发力很强，生长较快，生长季节要经常修剪，剪去过长、过乱的枝条，以保持树形的优美。榆树盆景的最佳观赏期是新叶刚出时，若在 8 月上、中旬将叶片全部摘除，以后加强水肥管理，到 9 月下旬就会再次长出新叶，提高观赏价值。冬季移至光线明亮的冷凉室内，也可连盆埋入室外背风向阳处的土中，减少浇水，使植株充分休眠。养护中每 2～3 年翻盆一次，以使盆景生长旺盛，生机勃勃。

(6) 栽培管理　应选择有水源、排水良好、土层较厚的沙壤土地作苗圃。播种方法可采用畦播或垄播。播前整地要细，亩施有机肥 4000～5000kg，浅翻后灌足底水。

三十二、垂柳

(1) 学名　*Salix babylonica*.

(2) 科属　杨柳科柳属。

(3) 树种简介　乔木，高达 12～18m，树冠开展而疏散。树皮灰黑色，不规则开裂；枝细，下垂，淡褐黄色、淡褐色或带紫色，无毛。芽线形，先端急尖。叶狭披针形或线状披针形，长 9～16cm，宽 0.5～1.5cm，先端长渐尖，基部楔形，两面无毛或微有毛，上面绿色，下面色较淡，锯齿缘；叶柄长 (3)5～10mm，有短柔毛；托叶仅生在萌发枝上，斜披针形或卵圆形，边缘有齿牙。花序先叶开放，或与叶同时开放；雄花序长 1.5～2(3)cm，有短梗，轴有毛；雄蕊 2，花丝与苞片近等长或较长，基部多少有长毛，花药红黄色；苞片披针形，外面有毛；腺体 2；雌花序长达 2～3(5)cm，有梗，基部有 3～4 枚小叶，轴有毛；子房椭圆形，无毛或下部稍有毛，无柄或近无柄，花柱短，柱头 2～4 深裂；苞片披针形，长 1.8～2(2.5)mm，外面有毛；腺体 1。蒴果长 3～4mm，带绿黄褐色。花期 3～4 月，果期 4～5 月（图 6-182、图 6-183，见彩图）。

图 6-182　垂柳全株

图 6-183　垂柳枝叶

垂柳喜光，喜温暖湿润气候及潮湿深厚之酸性及中性土壤。较耐寒，特耐水湿，但亦能生于土层深厚之高燥地区。萌芽力强，根系发达，生长迅速，15 年生树高达 13m，直径 24cm。但某些虫害比较严重，寿命较短，树干易老化。30 年后渐趋衰老。根系发达，对有毒气体有一定的抗性，并能吸收二氧化硫。

产于我国长江流域与黄河流域，其他各地均栽培。在亚洲、欧洲、美洲各国均有引种。

(4) 繁殖方法

① 扦插繁殖：将剪好的插条在水中泡 1～2 天，按株行距 35cm×60cm 进行扦插（图 6-184、图 6-185)。每亩插穗 3500～4000 根最宜。如耕地较硬可用木棍或叉子开缝，然后扦插。扦插时梢在上，顺畦微斜插入土中，插条入土以第一芽似露不露为准，注意不要将插条上下颠倒。扦插后每根插条都要浇到水，用脚将插条周围的土踩实，以促进插条生根发芽，提高成苗率。春插一般在

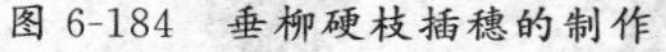
图 6-184　垂柳硬枝插穗的制作

图 6-185　垂柳的嫩枝扦插

3～4 月芽萌发前进行。秋季扦插后覆土 6～10cm 以保证插条安全越冬。

出苗期应保持土壤湿润，干旱时可在垄间步道放水灌溉。幼苗期要及时追肥和中耕除草，并注意清除多余的萌条，选留一健壮萌条培养成主干。速生期苗干上的新生腋芽常抽生侧枝，为保证主干生长，除保留 3/5 的枝条外，应及时分期抹掉下部苗干的腋芽。

② 嫁接繁殖：一般常采用芽接、劈接、插皮接和双舌接等方法。

采用不同的嫁接方法，嫁接时间不同。芽接一般采用“T”字形芽接，嫁接时间选择在 8 月底至 9 月初进行。采用“T”字形芽接时，接穗要随用随采。随采随留叶柄剪除叶子，同时用保湿材料保湿。采用劈接、插皮接和双舌接时，要在春季树液开始流动，砧木开始萌芽时嫁接。垂柳苗对干高一般都有要求，嫁接时要选择高部位嫁接。经过 2 年培育的柳树，苗高一般可达到 2.5m 以上，嫁接部位可选在 2m 处进行。生产中可以采取单头（芽）或多头（芽）嫁接。当苗高 2m 处较细，或还没有分枝时可采用单头（芽）嫁接，当 2m 高处较粗或已经有多个分枝时可采用多头（芽）嫁接。嫁接成活后要随时解除绑膜，芽接一般 1 个月即可解除；劈接、插皮接和双舌接，一般要 40 天后解除。解膜后，劈接、插皮接（图 6-186）和双舌接还要随时抹除砧木上的所有萌芽，以利于接芽萌发。芽接解膜后当年可不用抹芽，待当年冬天或第 2 年春天

图 6-186　垂柳插皮接

柳树萌芽前，将接芽以上的砧木梢头和接芽以下的砧木枝条全部剪除，以确保接芽的萌发。垂柳嫁接成活后生长迅速，要及时对新梢进行摘心打头。一般当新梢长到 50cm 长时开始摘心打头，选择生长方向适当、饱满健壮的芽子保留，剪除其上部枝梢。单头（芽）嫁接一般要进行 2 次以上的摘心打头，即可形成枝条分布均匀的圆满完整的树冠。及时进行松土除草和施肥浇水。萌芽前每 667m^2 施碳铵 50kg；5 月底至 6 月初再追 1 次尿素，每 667m^2 施肥量为 25kg；7 月中、下旬每 667m^2 追施 N、P、K 复合肥 15kg。一般采用开沟条施或挖穴点施，施肥后覆土踏实，然后浇透水 1 遍。8 月中、下旬后停止追肥。

(5) 整形修剪　垂柳在生长过程中，不容易控制，常常长弯，要使垂柳长直，关键在于修剪。

① 1 年生苗的修剪：1 年生苗如果不到 1m 或形状不好，翌年早春应短截成 10cm 左右，只留一个主枝，其余侧枝全部剪除。1 年生苗长至 2～3m 时，不能剪除全部的侧枝，否则树就容易变弯。可以去除病枝或短截侧枝，使养分供给平衡，这样，树的侧枝虽然多，但树长直了。

② 2 年生苗的修剪：2 年生苗可剪除下部的侧枝，上部的侧枝进行短截。

(6) 栽培管理　控制新育苗，移栽、定植过密苗木。垂柳枝叶稀疏、根系较深，可移植到路、渠两侧培养，对大田农作物影响较小。培养胸径 4～6cm 的苗木，定植密度为每亩 500 株，重点培养干形。培养胸径 7～10cm 的苗木，定植密度为每亩 200 株，重点培养冠形。主枝选择 3～4 个方向合适、相距 40～50cm、相互错落分布的健壮枝短截，短截枝不宜超过主干的 1/3。垂柳易发生蚜虫、柳毒蛾、天牛等，要注意及时防治。

三十三、旱柳

(1) 学名　*Salix matsudana* Koidz.

(2) 科属　杨柳科柳属。

(3) 树种简介　落叶乔木，高达可达 20m，胸径达 80cm。大枝斜上，树冠广圆形；树皮暗灰黑色，有裂沟；枝细长，直立或斜展，浅褐黄色或带绿色，后变褐色，无毛，幼枝有毛。芽微有短柔毛。叶披针形，长 5～10cm，宽 1～1.5cm，先端长渐尖，基部窄圆形或楔形，上面绿色，无毛，有光泽，下面苍白色或带白色，有细腺锯齿缘，幼叶有丝状柔毛；叶柄短，长 5～8mm，在上面有长柔毛；托叶披针形或缺，边缘有细腺锯齿。花序与叶同时开放；雄花序圆柱形，长 1.5～2.5(3)cm，粗 6～8mm，多少有花序梗，轴有长毛；雄蕊 2，花丝基部有长毛，花药卵形，黄色；苞片卵形，黄绿色，先端钝，基部多少有短柔毛；腺体 2；雌花序较雄花序短，长达 2cm，粗 4mm，有 3～5 小叶生于短花序梗上，轴有长毛；子房长椭圆形，近无柄，无毛，无花柱或很短，柱头卵形，近圆裂；苞片同雄花；腺体 2，背生和腹生。果序长达 2～2.5cm。花期 4 月，果期 4～5 月（图 6-187～图 6-190，见彩图）。

旱柳喜光，耐寒，湿地、旱地皆能生长，但以湿润而排水良好的土壤上生长最好；根系发达，抗风能力强，生长快，易繁殖。

旱柳生长于我国东北、华北平原、西北黄土高原，西至甘肃、青海，南至淮河流域以及浙江、江苏，为平原地区常见树种。模式标本采自甘肃兰州。朝鲜、日本、俄罗斯也有分布。

图 6-187 旱柳全株

图 6-188 旱柳主干

图 6-189 旱柳枝叶

图 6-190 旱柳花果

(4) 繁殖方法

① 扦插育苗：以垄作为常见。单行或双行扦插均可。单行扦插株距 15～20cm；双行扦插行距为 20cm，株距 10～20cm。扦插时宜按插穗分级分别扦插。以小头朝上垂直扦插较好。穗顶与地面平齐，插后踏实。有条件的地方可立即灌水，使土壤紧实并与插穗密接，有利于成活（图 6-191）。

于休眠期采种条。可选 1～2 年生枝于秋季采下，经露天沙藏，来春剪穗。先去掉梢部组织不充实、木质化程度稍差的部分，选粗度在 0.6cm 以上的枝段，剪成长 15cm 左右的插穗，上切口距第一个冬芽 1cm，切口要平滑，下切口距最下面的芽 1cm 左右，可剪

图 6-191　旱柳扦插苗

成马耳形。然后按粗细分级，并将每 50 株或 100 株捆成一捆，置背阴处用湿沙理好备用。柳树扦插极易成活，插穗无需进行处理。但是，若种条采集时间较长，插穗有失水现象，可于扦插前先浸水 1～2 天（以流水为佳），然后扦插，成活率会提高。

② 播种育苗：一般均用苗床播种。播种前，苗床先灌足底水。与此同时将种子用清水浸泡使之吸胀，然后混以温沙，拌匀后播种。条播或撒播均可。播后用细筛筛土覆盖，以不见种子为度。无风沙危害处亦可不再覆土，播后轻轻镇压（用铁锹轻拍床面），再用清水喷雾，使种子落实，与土壤密接。若有风沙危害或旱害较重，可在床边插枝遮阴、挡风。

播种后，如温、湿度合适 2～3 天即可出苗。出苗后应注意水分管理，保持床面湿润，同时注意遮阴，勿使幼苗受日晒灼伤。其余管理与杨树相同。柳树产地多有河川池塘，种子往往随柳絮飘落水边和湿地，随即自然萌发生长成苗。笔者曾在河漫滩采集天然落种的小柳苗归圃培养，省去采种、出苗期管理等环节。当年苗高达 1.5～2m，最高可达 2.5m，效果很好。

(5) 整形修剪　柳树主干上易很早抽出侧枝，要及时摘芽修枝，以免影响高生长。摘芽要进行多次，5～7 月间除保留主干 3/5 的枝条外，要摘除苗木上的腋芽，应见芽就抹，从芽的基部横向连叶一起抹掉，勿撕裂表皮，以防病虫侵入。一般摘芽修枝作业应于 8 月上、中旬停止，留下部分侧枝，抑制高生长，促进苗梢木质化，确保安全越冬。

(6) 栽培管理　北方地区多在秋季进行深翻地，深度 25～30cm，翌春解冻后，顶凌耙地 2～3 次，耙细耙匀，整平地面。做成高垄，垄底宽 60cm，垄面宽 30cm，垄高 15～20cm。结合做垄集中施足底肥，每亩施入经过充分腐熟的厩肥 5000～10000kg。

柳树扦插后要及时用大犁扶垄，及时灌 1 次透水，利于抗旱保墒，是保证扦插苗生根成活的关键。通常采取侧方沟灌，以后要根据情况，适时灌溉，一般全年要灌水 6～7 次，要根据气候和土壤情况适时合理灌溉。一般情况下，掌握头遍水饱灌，二遍水浅灌，幼苗发根蹲苗期少灌，旺盛生长速生期多灌、勤灌，追肥后及时灌水，生长后期为促进苗木充分木质化要停止灌水的原则。同时，要注意雨季排出圃地积水。育苗地要及时中耕除草，做到勤铲、勤耥，保持土壤疏松无杂草，一般在灌水后和大雨过后要及时进行铲耥。7 月下旬以后适当减少，8 月中旬基本停止。铲耥时要注意不伤根，不碰伤苗木表皮和芽。苗木进入速生期（6～7 月），每隔半个月追施 1 次硫酸铵，全年追肥 3～4 次，每次亩施硫酸铵 10kg 左右。开沟施入后及时灌水，使苗木充分吸收，"吃饱喝足"，迅速生长，发挥更大的肥效作用。后期有条件可适当追施磷肥（过磷酸钙）。追肥不宜过晚，8 月份以后追肥易引起苗木徒长，苗梢木质化程度差，冬季易产生冻梢，影响苗木质量。及时摘芽修枝，一般扦插后插穗地下部分尚未生根，地上部分即长出很多萌条，必须及时在其尚未木质化前摘芽（或称除蘖），减少插穗水分和养分的过度消耗。当新苗长到 6～10cm 高时，选择一个粗壮端直的萌条，摘除其余的，使其具有明显主干。

三十四、绦柳

(1) 学名 *Salix matsudana* f. *pendula*.

(2) 科属 杨柳科柳属。

(3) 树种简介 落叶大乔木，柳枝细长，柔软下垂。喜光，耐寒性强，耐水湿又耐干旱。对土壤要求不严，干瘠沙地、低湿沙滩和弱盐碱地上均能生长。高可达 20～30m，径 50～60cm，生长迅速；树皮组织厚，纵裂，老龄树干中心多朽腐而中空。枝条细长而低垂，褐绿色，无毛；冬芽线形，密着于枝条。叶互生，线状披针形，长 7～15cm，宽 6～12mm，两端尖削，边缘具有腺状小锯齿，表面浓绿色，背面为绿灰白色，两面均平滑无毛，具有托叶。花开于叶后，雄花序为葇荑花序，有短梗，略弯曲，长 1～1.5cm。果实为蒴果，成熟后 2 瓣裂，内藏种子多枚，种子上具有一丛绵毛(图 6-192～图 6-194，见彩图)。

图 6-192 绦柳全株

图 6-193 绦柳枝叶

绦柳适合于都市庭园中生长，尤其适于水池或溪流边。

产于我国东北、华北、西北、上海等地，多栽培为绿化树种。

(4) 繁殖方法 常见扦插繁殖。扦插的时间春、秋两季均可，但在北方地区以春季扦插为主，而且早春扦插最好。通常当土壤解冻至 18cm 左右时，即可进行扦插，华北地区 3 月上、中旬，东北

图 6-194　绦柳花序

地区在 4 月上、中旬，西北地区在 4 月中旬左右。目前，北方地区生产上多采取垄作育苗。插穗在扦插前用清水浸 1～2 昼夜，以提高扦插成活率。插穗运到育苗地要用湿润土壤临时埋藏假植，防止风吹日晒，以减少水分散失。扦插前育苗地充分灌透底水，土壤湿润、疏松。

剪取插穗应在室内和荫棚内进行，剪穗时去掉种条梢部组织不充实和未木质化的部分，采用种条直径 0.6cm 以上的部分，剪成长 12～15cm 的插穗，上下切口要平，切口要光滑，距离上切口 1cm 处留第 1 个芽，注意保护好这个芽，因为它是未来的幼苗。下切口最好离芽 1cm 左右，距离芽近的下切口愈合生根较好。插穗按上、中、下分级，每 100 根插穗捆成 1 把，临时用湿沙埋于种条埋藏坑内，保持插穗水分，以备越冬窖藏（坑藏）。

（5）栽培管理　育苗地应选择地势较平坦、排水良好、灌溉方便、土壤较肥沃、疏松的沙壤土和壤土。这样的土壤条件下插穗生根快，成活率高，苗木生育健壮。不宜在低洼易涝、土壤黏重或地下水位过高的地方育苗。

北方地区多在秋季进行深翻地，深度 25～30cm，翌春解冻后，顶凌耙地 2～3 次，耙细耙匀，整平地面。做成高垄，垄底宽

60cm，垄面宽 30cm，垄高 15～20cm。结合做垄集中施足底肥，每亩施入经过充分腐熟的厩肥 5000～10000kg。

三十五、橡皮树

(1) 学名　*Ficus elastica* Roxb. ex Hornem.

(2) 科属　桑科榕属。

(3) 树种简介　大乔木，高可达 30m，有丰富乳汁。指状复叶具小叶 3 片；叶柄长达 15cm，顶端有 2(3～4) 枚腺体；小叶椭圆形，长 10～25cm，宽 4～10cm，顶端短尖至渐尖，基部楔形，全缘，两面无毛；侧脉 10～16 对，网脉明显；小叶柄长 1～2cm。花序腋生，圆锥状，长达 16cm，被灰白色短柔毛；雄花：花萼裂片卵状披针形，长约 2mm；雄蕊 10 枚，排成 2 轮，花药 2 室，纵裂；雌花：花萼与雄花同，但较大；子房 (2～)3(6) 室，花柱短，柱头 3 枚。蒴果椭圆状，直径 5～6cm，有 3 纵沟，顶端有喙尖，基部略凹，外果皮薄，干后有网状脉纹，内果皮厚、木质；种子椭圆状，淡灰褐色，有斑纹。花期 5～6 月 (图 6-195、图 6-196，见彩图)。

其性喜高温湿润、阳光充足的环境，适宜生长温度 20～25℃，忌阳光直射。也能耐阴但不耐寒，安全越冬温度为 5℃。耐空气干燥。忌黏性土，不耐瘠薄和干旱，喜疏松、肥沃和排水良好的微酸性土壤。

原产巴西。现广泛栽培于亚洲热带地区；我国台湾、福建南部、广东、广西、海南和云南南部均有栽培，以海南和云南种植较多。

橡皮树是大型乔木，但在我国北方地区一般只做盆栽，给人感觉像是灌木。在我国北方常见的橡皮树有斑叶橡皮树、黑金刚橡皮树（图 6-197、图 6-198，见彩图）。

(4) 繁殖方法　常见扦插繁殖，此法操作简单，极易成活，且

图 6-195 橡皮树全株

图 6-196 橡皮树叶片

图 6-197 黑金刚橡皮树

图 6-198 斑叶橡皮树

生长快。扦插时间在春末初夏，可结合修剪进行，插穗多选用 1 年生半木质化的中部枝条。插条截取后，为防止剪口乳汁流出过多，影响成活，应及时用胶泥或草木灰将伤口封住。插穗的长度以保留 3 个芽为标准，剪去下面的一个叶片，将上面两片叶子合拢（图 6-199、图 6-200），用细塑料绳绑好，以减少叶面蒸发。然后扦插在素沙土或蛭石为基质的插床上。插后保持插床较高的湿度，但不要积水，适宜温度为 18～25℃，经常向地面洒水以提高空气湿度，

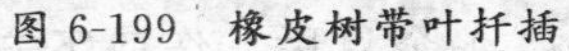

图 6-199　橡皮树带叶扦插

图 6-200　橡皮树单芽插

并做好遮阴和通风工作，2～3 周即可生根，盆栽后放稍遮阴处，待新芽萌动后再逐渐增加光照。

(5) 整形修剪　橡皮树具有较强的顶端优势，侧芽一般不易萌发，若不进行整形，极易直立向上生长，形成直立状的造型。当生长到一定的高度时，一是过于高大不便于室内摆放，二是下部叶片脱落后，易成为上部枝叶繁茂、下部光秃的上重下轻型造型，失去了观赏价值。现介绍几种简便易行的抑制其高度生长，促发侧枝改变造型的方法。

① 摘心：即将枝条的顶芽摘除或枝条顶部剪除，促其萌发侧枝的方法。其原理是主枝顶芽被摘除，顶端优势被消除，使侧芽得以萌发生长。具体做法是，当橡皮树长到适宜的高度时，一般为 30～50cm 高，可通过摘心改变其直立生长，促使侧芽萌发。一般靠近枝顶部的 2～3 个侧芽极易萌发，侧枝长出后树形呈杯状或"Y"形，摘心操作极为容易，但摘心高度的把握至关重要，若摘心高度过高，易使整个树形上重下轻而影响其观赏性。摘心高度与花盆直径接近为宜，宁低勿高。对于一些摘心过晚，已形成直立型树形的，可采用短截、刻芽、拉枝等方法加以补救，使其下部光秃部位萌发侧枝，同时改变主枝角度达到完善其造型的目的。

② 短截：即将整个主枝上部的 1/3 或 1/2 剪除，促使主干萌发侧枝的方法。其原理是剪除了顶部枝条，消除了顶端优势使剪口下侧芽得以萌发生长。此方法由于一次性修剪量过大易使前期养护的枝叶被剪除较多，至少有半年至 1 年的时间由于枝叶较少，观赏

性较差，但对后期的造型极为有利。

③ 刻芽：对主枝光秃部位进行刻伤，促使刻伤部位下芽萌发而形成侧枝的方法，称为刻芽。其原理是刻伤阻碍了养分和水分的输送，一般会抑制伤口以上部分的生长，加强伤口以下部分的生长。刻芽在春季（4 月中旬）进行较好，当年便可形成有 3～4 片叶的侧枝，具体操作方法是在促芽上方 0.5～1cm 处，用刀横向刻 1～2 个与节间平行的伤口，伤口深为刻伤表皮至木质部，伤口长度为茎周的 1/2，两个伤口间距约 0.2cm，1 个月后，伤口下方的芽开始萌动。至秋季，便可长成有 3～4 片叶长的侧枝。实际操作时，应根据造型需要，选择适当的部位进行刻伤，当由于刻芽造成枝条角度过大时，可采用撑枝的方法使枝条至适宜的角度，刻伤主要应用于壮枝、粗枝，细弱枝一般不用。

④ 拉枝：即通过外力，改变枝条在空间的伸展方向的方法。其原理是通过拉枝，改变了枝条的极性，即削弱或消除了顶芽的顶端优势，拉枝的角度越大，其顶端优势被削弱得越强，若拉至水平状态时其顶端优势被完全消除。由于枝角度改变较大处的芽顶端优势增强，此芽易萌发形成枝条，即在枝条背弯处的芽，易形成顶端优势而萌发形成侧枝。具体操作是将促芽处拉成弧形，使促芽处于顶端优势部位，若在春季进行拉枝，当年就可促发形成侧枝。

（6）栽培管理

① 温度：橡皮树喜温暖，生长最适宜温度为 20～25℃。耐高温，温度 30℃以上时也能生长良好。不耐寒，安全的越冬温度为 5℃，斑叶品种的耐寒力稍差，越冬温度最好能维持在 8℃以上，温度低时会产生大量落叶。

② 光照：喜明亮的散射光，有一定的耐阴能力。不耐强烈阳光的暴晒，光照过强时会灼伤叶片而出现黄化、焦叶。也不宜过阴，否则会引起大量落叶，并使有斑纹品种的美丽斑块变淡。5～9 月应进行遮阴，或将植株置于散射光充足处。其余时间则应给予充足的阳光。

③ 浇水：橡皮树喜湿润的土壤环境，生长期间应充分供给水分，保持盆土湿润。冬季则需控制浇水，低温而盆土过湿时，易导致根系腐烂。

④ 环境湿度：橡皮树喜湿润的环境，生长季天晴而空气干燥时，要经常向枝叶及四周环境喷水，以提高空气相对湿度。

⑤ 施肥：橡皮树因生长迅速，应及时补给养分才能使植株旺盛生长，应每月追施 2～3 次以氮为主的肥料。有彩色斑纹的种类因生长比较缓慢，可减少施肥次数，同时增施磷钾肥，以使叶面上的斑纹色彩亮丽。如过多或单纯施用氮肥，则斑纹颜色变淡，甚至消失。9 月应停施氮肥，仅追施磷钾肥，以提高植株的抗寒能力。冬季植株休眠，应停止施肥。

⑥ 修剪：春季结合出棚进行修剪，剪去树冠内部的分杈枝、内向枝、枯枝和细弱枝，并短截突出树冠的窜枝，以使植株内部通风透光良好并保持树形圆整。如树冠过大，可将外围的枝条作整体短截。生长期间应随时疏去过密的枝条和短截长枝。

⑦ 翻盆：通常每 2 年需翻盆 1 次，橡皮树喜肥沃疏松和排水良好的沙质壤土，基质可用园土、腐叶土及素沙等材料配制，同时掺入农家肥作基肥。

三十六、鹅掌楸

（1）学名　*Liriodendron chinensis*（Hemsl.）Sarg.

（2）科属　木兰科鹅掌楸属。

（3）树种简介　乔木，高达 40m，胸径 1m 以上，小枝灰色或灰褐色。叶马褂状，长 4～12(18)cm，近基部每边具 1 侧裂片，先端具 2 浅裂，下面苍白色，叶柄长 4～8(16)cm。花杯状，花被片 9，外轮 3 片绿色，萼片状，向外弯垂，内两轮 6 片，直立，花瓣状、倒卵形，长 3～4cm，绿色，具黄色纵条纹，花药长 10～16mm，花丝长 5～6mm，花期时雌蕊群超出花被之上，心皮黄绿色。聚合果长 7～9cm，具翅的小坚果长约 6mm，顶端钝或钝尖，具种子 1～2 颗。花期 5 月，果期 9～10 月（图 6-201～图 6-203，

图 6-201 鹅掌楸全株

图 6-202 鹅掌楸茎干

图 6-203 鹅掌楸叶片及花

见彩图)。

鹅掌楸喜光及温和湿润气候，有一定的耐寒性，喜深厚肥沃、适湿而排水良好的酸性或微酸性土壤（pH 4.5～6.5），在干旱土地上生长不良，也忌低湿水涝。通常生于海拔 900～1000m 的山地林中或林缘，呈零散分布，也有组成小片纯林的。

鹅掌楸产于我国陕西、安徽以南，西至四川、云南，南至南岭山地。

鹅掌楸因叶片形似马褂得名马褂木。

(4) 繁殖方法

① 种子繁殖：选择20～30年生的健壮、成群状分布的母树，10月聚合果呈褐色时采收，不采单株、孤立木的种子。采回的种子放在室内阴凉、通风处，摊放1周左右，再放在户外摊晒2～3天，待翅状小坚果自动分离后进行净种处理，可布袋干藏或沙藏。育苗圃地选取土层深厚、疏松肥沃、排灌方便的沙质壤土，不宜选择蔬菜、瓜类用地。为促进早期苗木生长、发育，必须细致整地和施肥。播种前1个月，深翻圃地，施腐熟厩肥和饼肥3～3.75t/hm^2，并用50%甲基托布津可湿性粉剂0.2%溶液消毒土壤。土地整平后，按宽100～120cm、高25cm、步道宽30cm做好苗床。播种前30～40天，对种子进行催芽，催芽后播种，发芽率高，出苗整齐（图6-204）。

图6-204　鹅掌楸播种苗

图6-205　鹅掌楸扦插苗

将种子用一定湿度的中沙（手捏成团，松开即散）分层混藏，底面铺1层35～40cm湿沙，上面加盖麻袋、草帘等覆盖物，有利于透气和减少水分蒸发，隔10～15天适量洒水和翻动1次，保持湿度。一般在雨水至惊蛰期间播种比较好。采用条播，条距25～30cm，播种沟深2～3cm，可将沙与种子拌匀，然后均匀地撒播在播种沟里，播种量150～225kg/hm^2。播种后，覆盖焦泥灰或黄心土，盖土厚1.5～2cm，以看不见种子为易，然后用稻草或其他草类覆盖。当幼苗开始出土时，要分2～3次将草揭完，揭草通常选在阴天或傍晚进行。揭草后，注意中耕除草和病虫害防治，雨后用波尔多液或0.5%高锰酸钾喷洒，酌施追肥，以叶面追肥为主，少量多次。为提高苗木产量和质量，应在4月底5月初的阴天或小雨天进行间苗、补苗，使苗木分布均匀，定植密度为10～15株/m^2。

② 扦插育苗：选择插条要考虑位置效应和采穗母树条件，可采用硬枝扦插和嫩枝扦插。

a. 硬枝扦插：选择1年生健壮0.5cm粗以上的穗条，剪成长15～20cm的插条，下口斜剪，每段应具有2～3个芽，插入土中2/3，扦插前用50mg/L ABT 2号生根粉加500mg/L多菌灵浸扦插枝条基部30min左右。插条应随采随插，插好后要有遮阴设施，勤喷水，成活率可达75%左右（图6-205）。

b. 嫩枝扦插：剪取当年生半木质化嫩枝，可保留1～2个叶片或半叶，6～9月采用全光喷雾法扦插，扦插基质采用珍珠岩或比较适中的干净河沙，要保持叶面湿润，成活率一般在50%～60%。扦插后50天，对插条进行根外施肥，以提高成活率和促进插条生长。

一般3月上、中旬进行栽植。应选在比较背阴的山谷和山坡中下部。庭园绿化和行道树栽培应选择土壤深厚、肥沃、湿润的地段。栽植地在秋末冬初进行全面清理，定点挖穴，穴径60～80cm，深50～60cm，翌年3月上、中旬施肥回土后栽植，用苗一般为2年生，起苗后注意防止苗木水分散失，保护根系，尽量随起苗随栽植，株行距以2m×(2～3)m为宜。

(5) 栽培管理　马褂木生长快，喜湿润疏松土壤，一般应选择山坡中下部水湿条件较好的地方造林，对立地的要求与杉木接近，以立地指数为16以上的林地生长最佳，立地指数14以下很难达到丰产效果。造林地选好后，入冬前完成整地。穴规格60cm×50cm×40cm、60cm×40cm×40cm。造林密度不宜太大，Ⅰ、Ⅱ级立地每亩100～110株；Ⅲ级立地每亩110～120株为宜。选用1年生苗，苗高60cm，地径0.8cm以上，造林时间1～2月份。马褂木可与檫树、杉木、桤木、拟赤杨、柳杉、木荷、火力楠等树种混交，采取行状混交、块状混交或星状混交。造林后第1年3～4月份进行扩穴培土，第2～3年5～6月份与8～9月份全面锄草松土。每年冬季休眠期可适当修枝，整枝高度为树高的1/3。马褂木幼林生长迅速，在正常抚育管理下2～3年可郁闭成林。

三十七、碧桃

(1) 学名 *Amygdalus persica* var. *persica* f. *duplex*.

(2) 科属 蔷薇科李属。

(3) 树种简介 乔木，高3～8m；树冠宽广而平展；树皮暗红褐色，老时粗糙呈鳞片状；小枝细长，无毛，有光泽，绿色，向阳处转变成红色，具大量小皮孔；冬芽圆锥形，顶端钝，外被短柔毛，常2～3个簇生，中间为叶芽，两侧为花芽。叶片长圆披针形、椭圆披针形或倒卵状披针形，长7～15cm，宽2～3.5cm，先端渐尖，基部宽楔形，上面无毛，下面在脉腋间具少数短柔毛或无毛，叶边具细锯齿或粗锯齿，齿端具腺体或无腺体；叶柄粗壮，长1～2cm，常具1至数枚腺体，有时无腺体。花单生，先于叶开放，直径2.5～3.5cm；花梗极短或几无梗；萼筒钟形，被短柔毛，稀几无毛，绿色而具红色斑点；萼片卵形至长圆形，顶端圆钝，外被短柔毛；花瓣长圆状椭圆形至宽倒卵形，粉红色，罕为白色；雄蕊20～30，花药绯红色；花柱几与雄蕊等长或稍短；子房被短柔毛。果实形状和大小均有变异，卵形、宽椭圆形或扁圆形，直径(3)5～7(12)cm，长几与宽相等，色泽变化由淡绿白色至橙黄色，常在向阳面具红晕，外面密被短柔毛，稀无毛，腹缝明显，果梗短而深入果洼；果肉白色、浅绿白色、黄色、橙黄色或红色，多汁有香味，甜或酸甜；核大，离核或粘核，椭圆形或近圆形，两侧扁平，顶端渐尖，表面具纵、横沟纹和孔穴；种仁味苦，稀味甜（图6-206～图6-208，见彩图）。

碧桃性喜阳光，耐旱，不耐潮湿环境。喜欢气候温暖的环境，耐寒性好，能在－25℃的自然环境中安然越冬。要求土壤肥沃、排

图 6-206　碧桃全株

图 6-207　碧桃的花

图 6-208　碧桃叶片

图 6-209　碧桃嫁接

水良好。不喜欢积水，如栽植在积水低洼的地方，容易出现死苗。

原产我国，分布在西北、华北、华东、西南等地。现世界各国均已引种栽培。

(4) 繁殖方法　为保持优良品质，必须用嫁接法繁殖，砧木用山毛桃。采用春季芽接或枝接，嫁接成活率可多达 90%以上。具体操作如下。

① 接穗选择：碧桃母树要选健壮而无病虫害、花果优良的植株，选当年的新梢粗壮枝、芽眼饱满枝为接穗。

② 嫁接方法：夏季芽接时可削取芽片，芽片也可带少许木质部，在砧木茎干处剥皮。在接穗芽下面 1cm 处用刀尖向上削切，长 1.5～2cm，芽内侧要稍带木质部，芽位于接芽的中间，砧木可选择如铅笔粗的实生苗，茎干距地面 3～5cm，选用树干北侧的垂直部分，第一刀稍带木质部竖切 2cm，削下的树皮剪掉 1/2～2/3，将接芽插入砧木，形成层密接，尤其要注意在砧木削切处的下部不

留空隙，紧密结合。在接芽的下面用塑料胶布向左缠2圈，再向右缠2圈，均衡地向上绑缚，防止芽风干，牢固结合，露出接芽。注意芽接时间，南方以6月至7月中旬为佳，北方以7月至8月中旬为宜（图6-209）。

③ 接后管理：芽接后10～15天，叶柄呈黄色脱落，即为成活的象征，叶柄变黑则说明未成活。成活苗在长出新芽，愈合完全后除去塑料胶布，在芽接处以上1cm处剪砧，萌芽后，要抹除砧木发芽，同时结合施肥，一般施复合肥1～2次，促使接穗新梢木质化，具备抗寒性能。为防治蚜虫，喷洒2000倍的乐果溶液，当叶片发生缩叶病时，可使用石硫合剂。

(5) 整形修剪　碧桃系桃的变型，为蔷薇科落叶小乔木，喜光，耐旱，喜肥沃而排水良好的土壤，不耐水湿，碱性土及黏重土均不适宜。花期3～4月，分为长花枝、中花枝和短花枝及花束状枝，花芽分化集中在7～8月。根系较浅。其花色丰富，妖媚动人；枝姿别致；用早、中、晚不同品种搭配，观赏期可长达1个多月。冬季是对碧桃进行修剪的理想季节，下面根据笔者工作经验，谈谈碧桃的冬季修剪问题。首先是果桃的整形方式和修剪方法，是以培养结果枝组为目的，不能满足园林观赏的要求；其次是粗放式管理，即对碧桃不修剪或多年生长后进行重剪，形成难看的树形，破坏园林环境的和谐性。

树木修剪要坚持"随树作形，因枝修剪"的原则。对有"中心主干"或"树中树"的碧桃苗木，要充分利用现有的枝条，整成疏散分层形或延迟开心形，即主枝分为2～3层，最下面一层留3个主枝，中间的一层留2个主枝，最上面的一层留1个主枝或不留主枝。但由于这种树形枝量比较大，为保持树冠内通风透光，在整形修剪过程中，要特别注意开张主枝的角度，但这种树形随着树龄的增大、枝量的增多，光照条件会逐渐恶化，下层的主枝生长势会逐渐降低，花量减少，走向衰弱。这时可以逐渐去除下层的主枝，从而将树形逐步改造成自然开心形。对这种树进行改造，就要对几大主枝在合适的位置进行回缩，即在主枝上位置较低、长势较弱、角度比较开张的背后侧枝处短截，将主枝头直接换到背后侧枝上，使主枝头的生长点降低，生长势减弱，从而促进了主枝基部芽梢的生长。如果没有合适的侧枝，也可以对主枝保留 50～80cm 进行截干，刺激主枝基部潜伏芽的萌发（图 6-210）。

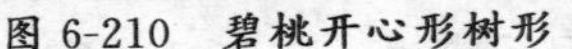

图 6-210　碧桃开心形树形

图 6-211　碧桃盆景

(6) 栽培管理

① 对幼树疏枝：对幼树进行整形时，机械地追求标准树形，疏枝过重，对树体造成了较大的伤害。碧桃栽植时一般都进行必要的修剪，一是为了保持地上和地下部分平衡，为苗木的成活提供保证；二是通过合理修剪进行整形。园林中应用的碧桃苗木树形各式各样，如果苗木有 3 个以上长势均衡、角度开张、分布均匀的枝条，这种苗木稍加修剪就可以成为标准的自然开心形树形。但有的苗木由于苗期主干或主枝的基部萌生的直立枝或背上枝，没有及时疏除或没有实施削弱其生长势的修剪措施，或者其他原因，在树冠的中央形成了"树中树"，这种树木除了有几个角度比较开张的主枝外，还有所谓的"中心主干"。对这类苗木进行整形时，为了整成自然开心形树形，就对"树中树"进行整体疏除。这样不但对树体造成了很大伤害，也造成很大浪费。

② 水肥管理：碧桃耐旱，怕水湿，一般除早春及秋末各浇 1 次开冻水及封冻水外其他季节不用浇水。但在夏季高温天气，如遇连续干旱，适当的浇水是非常必要的。雨天还应做好排水工作，以

防水大烂根导致植株死亡。碧桃喜肥，但不宜过多，可用腐熟发酵的牛马粪作基肥，每年入冬前施一些芝麻酱渣，6～7 月如施用 1～2 次速效磷、钾肥，可促进花芽分化。

③ 盆景制作：将嫁接成活的桃苗，于翌年惊蛰前后，从接芽以上 1.5～2.0cm 处剪去，促使接芽生长，此间可同时进行上盆和造型修剪。碧桃用土可选用疏松透气、排水、保肥的沙质土。配盆应选用颜色与花色形成对比的紫砂陶盆或釉陶盆。造型修剪，应根据树势及生长情况和自己的审美观，采取疏剪、扭枝、拉枝、做弯、短截、平断、造痕、疏花等手段逐步进行（图 6-211）。

三十八、紫薇

（1）学名　*Lagerstroemia* indica L.

（2）科属　千屈菜科紫薇属。

（3）树种简介　落叶灌木或小乔木，高可达 7m；树皮平滑，灰色或灰褐色；枝干多扭曲，小枝纤细，具 4 棱，略成翅状。叶互生或有时对生，纸质，椭圆形、阔矩圆形或倒卵形，长 2.5～7cm，宽 1.5～4cm，顶端短尖或钝形，有时微凹，基部阔楔形或近圆形，无毛或下面沿中脉有微柔毛，侧脉 3～7 对，小脉不明显；无柄或叶柄很短。花色玫红、大红、深粉红、淡红色或紫色、白色，直径 3～4cm，常组成 7～20cm 的顶生圆锥花序；花梗长 3～15mm，中轴及花梗均被柔毛；花萼长 7～10mm，外面平滑无棱，但鲜时萼筒有微凸起短棱，两面无毛，裂片 6，三角形，直立，无附属体；花瓣 6，皱缩，长 12～20mm，具长爪；雄蕊 36～42，外面 6 枚着生于花萼上，比其余的长得多；子房 3～6 室，无毛。蒴果椭圆状球形或阔椭圆形，长 1～1.3cm，幼时绿色至黄色，成熟时或干燥时呈紫黑色，室背开裂；种子有翅，长约 8mm。花期 6～9 月，果期 9～12 月（图 6-212～图 6-215，见彩图）。

紫薇喜暖湿气候，喜光，略耐阴，喜肥，尤喜深厚肥沃的沙质壤土，好生于略有湿气之地，亦耐干旱，忌涝，忌种在地下水位高的低湿地方，性喜温暖，而能抗寒，萌蘖性强。紫薇还具有较强的

图 6-212　紫薇全株

图 6-213　紫薇枝干

图 6-214　紫薇枝叶

图 6-215　紫薇的花

抗污染能力，对二氧化硫、氟化氢及氯气的抗性较强。半阴生，喜生于肥沃湿润的土壤上，不论钙质土或酸性土都生长良好。

我国广东、广西、湖南、福建、江西、浙江、江苏、湖北、河南、河北、山东、安徽、陕西、四川、云南、贵州及吉林均有生长或栽培。原产亚洲，广植于热带地区。

(4) 繁殖方法　紫薇常用繁殖方法为播种和扦插（图 6-216、图 6-217）两种方法，其中扦插方法更好，扦插与播种相比成活率更高，植株开花更早，成株快，而且苗木的生产量也较高。

紫薇的播种繁殖方法可一次得到大量健壮整齐的苗木。播种繁殖过程包括种子采集、整地做床、种子催芽处理、播种时间和播种方法。

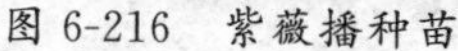

图 6-216　紫薇播种苗

图 6-217　紫薇扦插苗

紫薇一般在 3～4 月播种，播种在室外露地，将种子均匀撒入已平整好的苗床。每隔 3～4cm 撒 2～3 粒种子。播种后覆盖约 2cm 厚的细土，10～14 天后种子大部分发芽出土，出土后要保证土壤的湿润度，在幼苗长出 2 对真叶后，为保证幼苗有足够的生长空间和营养面积，可选择雨后对圃地进行间苗处理，使苗间空气流通、日照充足。生长期要加强管理，6～7 月追施薄肥 2～3 次，夏天防止干旱，要常浇水，保持圃地湿润，但切记不可过多。当年冬季苗高可达到 50～70cm。长势良好的植株可当年开花，冬季落叶后及时修剪侧枝和开花枝，在次年早春时节移植。

紫薇扦插繁殖可分为嫩枝扦插和硬枝扦插。嫩枝扦插一般在7～8月进行，此时新枝生长旺盛，最具活力，此时扦插成活率高。选择半木质化的枝条，剪成 10cm 左右长的插穗，枝条上端保留 2～3片叶子。扦插深度约为 8cm，插后灌透水，为保湿保温在苗床覆盖一层塑料薄膜，搭建遮阴网进行遮阴，一般在 15～20 天便可生根，将薄膜去掉，保留遮阴网，在生长期适当浇水，当年枝条可达到 70cm，成活率高。硬枝扦插一般在 3 月下旬至 4 月初枝条发芽前进行。在长势良好的母株上选择粗壮的 1 年生枝条，剪成10～15cm 长的枝条，扦插深度为 8～13cm。插后灌透水，为保湿保温在苗床覆盖一层塑料薄膜。当苗木生长 15～20cm 的时候可将薄膜掀开，搭建遮阴网。生长期适当浇水，当年生枝条可长至 80cm 左右。

（5）整形修剪　紫薇耐修剪，发枝力强，新梢生长量大。因此，花后要将残花剪去，可延长花期，对徒长枝、重叠枝、交叉枝、辐射枝以及病枝随时剪除，以免消耗养分。

（6）栽培管理　紫薇栽培管理粗放，但要及时剪除枯枝、病虫枝，并烧毁。为了延长花期，应适时剪去已开过花的枝条，使之重新萌芽，长出下一轮花枝。为了树干增粗，可以大量剪去花枝，集中营养培养树干。实践证明，管理适当，紫薇1年中经多次修剪可使其开花多次，花期长达100～120天。

春、冬两季应保持盆土湿润，夏秋季节每天早晚要浇水1次，干旱高温时每天可适当增加浇水次数，以河水、井水、雨水以及贮存2～3天的自来水浇施。

三十九、红叶李

（1）学名　*Prunus cerasifera* Ehrhar f. *atropurpurea* (Jacq.) Rehd.

（2）科属　蔷薇科李属。

（3）树种简介　灌木或小乔木，高可达8m；多分枝，枝条细长，开展，暗灰色，有时有棘刺；小枝暗红色，无毛；冬芽卵圆形，先端急尖，有数枚覆瓦状排列鳞片，紫红色，有时鳞片边缘有稀疏缘毛。叶片椭圆形、卵形或倒卵形，极稀椭圆状披针形，长(2)3～6cm，宽2～3cm，先端急尖，基部楔形或近圆形，边缘有圆钝锯齿，有时混有重锯齿，上面深绿色，无毛，中脉微下陷，下面颜色较淡，除沿中脉有柔毛或脉腋有髯毛外，其余部分无毛，中脉和侧脉均凸起，侧脉5～8对；叶柄长6～12mm，通常无毛或幼时微被短柔毛，无腺；托叶膜质，披针形，先端渐尖，边有带腺细锯齿，早落。

花1朵，稀2朵；花梗长1～2.2cm。无毛或微被短柔毛；花直径2～2.5cm；萼筒钟状，萼片长卵形，先端圆钝，边有疏浅锯齿，与萼片近等长，萼筒和萼片外面无毛，萼筒内面有疏生短柔毛；花瓣白色，长圆形或匙形，边缘波状，基部楔形，着生在萼筒边缘；雄蕊25～30，花丝长短不等，紧密地排成不规则2轮，比花瓣稍短；雌蕊1，心皮被长柔毛，柱头盘状，花柱比雄蕊稍长，基部被稀长柔毛。

核果近球形或椭圆形，长宽几相等，直径1～3cm，黄色、红色或黑色，微被蜡粉，具有浅侧沟，粘核；核椭圆形或卵球形，先端急尖，浅褐带白色，表面平滑或粗糙或有时呈蜂窝状，背缝具沟，腹缝有时扩大具两侧沟。花期4月，果期8月（图6-218～图6-220，见彩图）。

图6-218 红叶李全株

图6-219 红叶李枝叶

红叶李生于山坡林中或多石砾的坡地以及峡谷水边等处，海拔800～2000m。

红叶李产于我国新疆。中亚、伊朗、小亚细亚、巴尔干半岛均有分布。

（4）繁殖方法

① 扦插繁殖：将刚剪下的或储藏在湿沙中的枝条，剪去细弱枝和失水干缩部分，然后自下而上，将长枝条剪成长10～12cm、有3～5个芽的插穗，插穗下端近芽处剪成光滑斜面，以增加形成层与土壤的接触面，有利于生根。插穗上端距芽眼0.8～1cm处剪齐成平面。插穗剪好后，应立即将其下端斜面浸入清水中浸泡15～

图 6-220　红叶李的花

20h，使插条充分吸足水。用 50×10^{-6} ABT6 号生根粉按比例配成生根剂，蘸浸插穗以利生根。插穗斜面向下插入土中，株行距 5cm×5cm，上端的芽露出地面 0.5～1cm。扦插后立即放水洇灌，使插穗与土壤密接。待地面稍干后用双层地膜覆盖保墒，同时在畦面上搭 1m 高与畦面同宽的塑料小拱棚以利保温、御寒（图 6-221）。

图 6-221　红叶李扦插苗

图 6-222　嫁接的红叶李小苗

② 嫁接繁殖：常用芽接（图 6-222）。砧木可用桃、李、梅、杏、山桃、山杏、毛桃和紫叶李的实生苗，相比较而言，桃砧木生

长势旺，叶色紫绿，但怕涝；李做砧木较耐涝；杏、梅寿命较长，但也怕涝。在华北地区以杏、山桃和毛桃作砧木最为常用。

嫁接的砧木一般选择2年生的苗，最好是专门做砧木培养的，嫁接前要先短截，只保留地表上5～7cm的树桩，6月中、下旬，在事先选做接穗的枝条上定好芽位，接芽要饱满、壮实，无干尖和病虫害。用经过消毒的芽接刀在芽位下2cm处向上呈30°斜切入木质部，直至芽位上1cm处，然后在芽位上1cm处横切一刀，将接芽轻轻取下，再在砧木距地3cm处，用刀在树皮上切一个“T”形切口，使接芽和砧木紧密结合，再用塑料带绑好即可。嫁接后，接芽在7天左右没有萎蔫，说明已经成活，25天左右就可以将塑料带拆除。

(5) 整形修剪　红叶李在自然状态下，树冠为倒卵形或近似长椭圆形，幼树枝条直立性较强，随着树龄增长而逐渐向外开张，作为园林造景配置的红叶李应顺树形的特性，采用自然开心圆头形树形，促进树冠开张，树姿自然丰满，花繁叶茂。

对于幼苗，要及时除去砧芽，使营养集中于主干，对于树干上萌发的小萌枝，不必过急剪除，借助小萌枝的叶片来扩大叶面积，以增强光合作用，这对加粗树干，增强抗倒伏能力大有好处。但对主干上出现的较粗壮的竞争枝，必须及时剪除，以免分散养分影响主干的高粗生长。

对于大苗，1年生红叶李嫁接苗定植后，当年冬季于苗高1.5m处短截定干，剪去上部枝干。翌年春季发芽抽枝后，选留4～5个粗壮枝条作为主枝培养，当年冬季从备留的主枝中，选择不同方位生长较一致的3～4个枝条作为一级主枝，靠主干先端一枝作为延长主枝，主枝与主干相交角成40°～45°，上下主枝着生间距不小于10cm，对一级主枝进行短截，剪去枝长的1/3～1/2，强枝重剪，长势一般的枝条轻剪，剪后各主枝长短大致平行，主枝上的小侧枝可适当删剪，部分留作辅养树体（图6-223）。

(6) 栽培管理　红叶李以春、秋季移植为主，尤以春季为好(图6-224)。栽培过程中，保持土壤湿润，栽植后及时浇透水，切

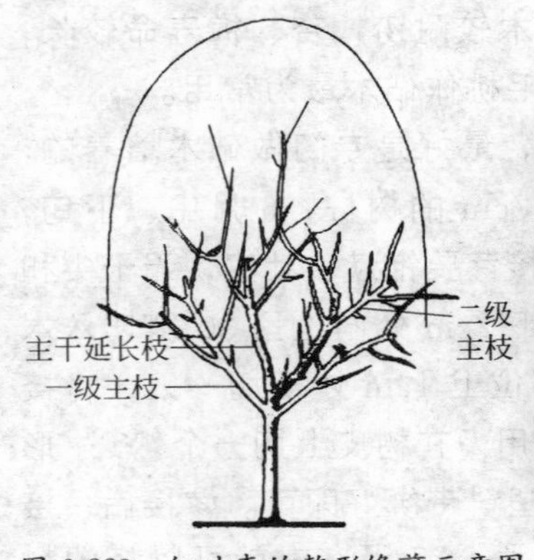

图 6-223　红叶李的整形修剪示意图

图 6-224　红叶李待移栽苗

忌栽植在水湿低洼地带。生长期施肥 2～3 次。红叶李常见的病虫害有叶斑病和炭疽病，可用 1：1：100 倍波尔多液或 70%甲基托布津可湿性粉剂 100 倍液喷洒。

四十、梓树

(1) 学名　*Catalpa ovata* G. Don.

(2) 科属　紫葳科梓属。

(3) 树种简介　属于落叶乔木，一般高 6m，最高可达 15m。树冠伞形，主干通直平滑，呈暗灰色或者灰褐色，嫩枝具稀疏柔毛。

圆锥花序顶生，长 10～18cm，花序梗，微被疏毛，长 12～28cm；花梗长 3～8mm，疏生毛；花萼圆球形，2 唇开裂，长 6～8mm；花萼 2 裂，裂片广卵形，顶端锐尖；花冠钟状，浅黄色，长约 2cm，二唇形，上唇 2 裂，长约 5mm，下唇 3 裂，中裂片长约 9mm，侧裂片长约 6mm，边缘波状，筒部内有两黄色条带及暗紫色斑点，长约 2.5cm，直径约 2cm。

蒴果线形，下垂，深褐色，长 20～30cm，粗 5～7mm，冬季不落；叶对生或近于对生，有时轮生，叶阔卵形，长宽相近，长约 25cm，顶端渐尖，基部心形，全缘或浅波状，常 3 浅裂，叶片上面及下面均粗糙，微被柔毛或近于无毛，侧脉 4～6 对，基部掌状脉 5～7 条；叶柄长 6～18cm；种子长椭圆形，两端密生长柔毛，连毛长约 3cm，宽约 3mm，背部略隆起。能育雄蕊 2，花丝插生于花冠筒上，花药叉开；退化雄蕊 3。子房上位，棒状。花柱丝形，柱头 2 裂。花期 6～7 月，果期 8～10 月（图 6-225～图 6-228，见彩图）。

图 6-225　梓树全株

图 6-226　梓树枝叶

图 6-227　梓树的花

图 6-228　梓树的蒴果

梓树适应性较强，喜温暖，也能耐寒。土壤以深厚、湿润、肥沃的夹沙土较好。不耐干旱瘠薄。抗污染能力强，生长较快。可利用边角隙地栽培。

梓树生于海拔 500～2500m 的低山河谷、湿润土壤，野生者已不可见，多栽培于村庄附近及公路两旁。

梓树分布于我国长江流域、东北南部、华北、西北、华中、西南。日本也有分布。

(4) 繁殖方法　用种子繁殖、育苗移栽。3～4 月在整好的地上做 1.3m 宽的畦，在畦上开横沟，沟距 33cm，深约 7cm，插幅约 10cm，施人畜粪水，把种子混合于草木灰内，每公顷用种子 15kg 左右，匀撒沟里，上盖草木灰或细土一层，并盖草，至发芽时揭去。培育 1 年即可移栽。在冬季落叶后至早春发芽前挖起幼苗，将根部稍加修剪，在选好的地上，按行、株距各 2～3m 开穴，每穴栽植 1 株，盖土压紧，浇水。播种繁殖 9 月底至 11 月采种，日晒开裂，取出种子干藏，翌年 3 月将种子混湿沙催芽，待种子有 30%以上发芽时条播，覆土厚度 2～3cm；发芽率 40%～50%，当年苗高可达 1m 左右。扦插繁殖嫩枝扦插于夏季 6～7 月采取当年生半木质化枝条，剪成长 12～15cm 的插穗，基部速蘸 500mg/L 吲哚乙酸，插入扦插床内，保温保湿，遮阳，约 20 天即可生根(图 6-229)。

图 6-229　梓树播种苗

图 6-230　梓树的自然开心形

(5) 整形修剪　采用混合式整形中的自然开心形 (图 6-230)。为培养通直健壮主干，在苗木定植的第 2 年春，可从地面剪除干茎，使其重新萌发新枝，选留一个生长健壮且直立的枝条作为主干培养，其余去除。苗木定干后，在其顶端选留 3 个侧芽，作为自然开心形的主枝培养，这 3 个主枝应适当间隔、相互错开，不可为轮生，剪掉其他枝条。以后生长靠这 3 个斜向外生长的主枝扩大树冠。栽植第 2 年，对这 3 个主枝短截，留 40cm 左右，同时保留主枝上的侧枝2～3个，彼此间相互错落分布，各占一定空间，侧枝要自下而上，保持一定从属关系。以后树体只作一般修剪，剪掉干枯枝、病虫枝、直立徒长枝。对树冠扩展太远、下部光秃者应及时回缩，对弱枝要更新复壮。

(6) 栽培管理　种子发芽后，要注意除草，苗高7～10cm时匀苗，每隔7～10cm留苗1株，并中除草、追肥1次，6～7月再行中耕除草1次。第2年春季中耕除草、追肥1次。移栽后的3～5年内，每年都要松穴除草3次，在春、夏、冬季进行。并自第3年起每年冬季要适当剪去侧枝，培育主干，以利生长。移栽定植宜在早春萌芽前进行。定植株行距为50cm×70cm，生长期应适时灌水、中耕、除草，随时剪除萌蘖。6～7月结合浇水追肥；8月停施氮肥，增施1次过磷酸钙等钾肥；后期生长控制浇水，以促使其木质化，利于越冬。由于梓树幼苗冬季易失水抽条，因此幼苗宜入冬起苗假植越冬，翌年春重新栽植。1～2年生苗木每年均需越冬保护，以防抽条影响其主干生长。梓树生长迅速，材质较软，易受吉丁虫及天牛为害，应注意及时防治。若发现有虫孔和木屑时，应立即用黄磷、硫酸或烟油等填入孔中，再用黏泥封口将虫窒息。此外，也可用细铜丝钩将虫刺死拖出，再填泥封口。

四十一、皂荚

(1) 学名　*Gleditsia sinensis* Lam.

(2) 科属　豆科皂荚属。

(3) 树种简介　落叶乔木或小乔木，高可达30m；枝灰色至深褐色；刺粗壮，圆柱形，常分枝，多呈圆锥状，长达16cm，叶为一回羽状复叶，长10～18(26)cm；小叶（2～）3～9对，纸质，卵状披针形至长圆形，长2～8.5(12.5)cm，宽1～4(6)cm，先端急尖或渐尖，顶端圆钝，具小尖头，基部圆形或楔形，有时稍歪斜，边缘具细锯齿，上面被短柔毛，下面中脉上稍被柔毛；网脉明显，在两面凸起；小叶柄长1～2(5)mm，被短柔毛。

花杂性，黄白色，组成总状花序；花序腋生或顶生，长5～

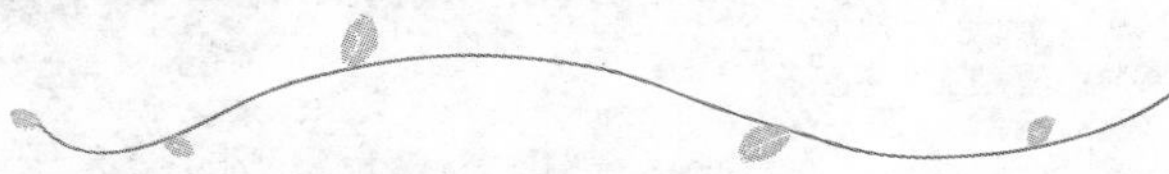

14cm，被短柔毛；雄花，直径9～10mm；花梗长2～8(10)mm；花托长2.5～3mm，深棕色，外面被柔毛；萼片4，三角状披针形，长3mm，两面被柔毛；花瓣4，长圆形，长4～5mm，被微柔毛；雄蕊8(6)；退化雌蕊长2.5mm；两性花，直径10～12mm；花梗长2～5mm；萼、花瓣与雄花的相似，唯萼片长4～5mm，花瓣长5～6mm；雄蕊8；子房缝线及基部被毛（偶有少数湖北标本子房全体被毛)，柱头浅2裂；胚珠多数。

荚果带状，长12～37cm，宽2～4cm，劲直或扭曲，果肉稍厚，两面臌起，或有的荚果短小，多少呈柱形，长5～13cm，宽1～1.5cm，弯曲作新月形，通常称猪牙皂，内无种子；果颈长1～3.5cm；果瓣革质，褐棕色或红褐色，常被白色粉霜；种子多颗，长圆形或椭圆形，长11～13mm，宽8～9mm，棕色，光亮。花期3～5月；果期5～12月（图6-231～图6-234，见彩图)。

图6-231　皂荚全株

图6-232　皂荚树干

皂荚性喜光而稍耐阴，喜温暖湿润的气候及深厚肥沃适当湿润的土壤，但对土壤要求不严，在石灰质及盐碱甚至黏土或沙土上均能正常生长。

皂荚原产我国长江流域，分布极广，自我国北部至南部及西南均有分布。多生于平原、山谷及丘陵地区。但在温暖地区可分布在海拔1600m处。

(4) 繁殖方法　常见种子繁殖（图6-235)。10月采下果实，取出种子，随即播种；若春播，需将种子在水里泡涨后，再行播

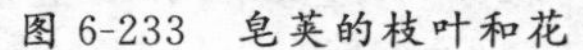

图 6-233　皂荚的枝叶和花

图 6-234　皂荚果实

种。育苗时，开 1.3m 宽的高畦，撒施一层腐熟堆肥作为基肥，然后按行距 33cm，开深 6～10cm 的横沟，种子间相隔 4～6cm，播后施人畜粪水，并盖草木灰，最后盖土与畦面齐平。如遇天旱，要经常浇水。苗出齐后，要浅薅，并施人畜粪水，以后再中耕除草、追肥 1～2 次。第 2 年再行 1～2 次中耕除草、追肥等管理，到秋后即可移栽。移栽可按株距 7～10m 开穴，栽前把幼苗挖起，稍加修剪，每穴栽苗 1 株，盖土压实，最后再覆松土，使稍高于地面，浇水定根。

图 6-235　皂荚播种苗

图 6-236　皂荚的高干自然式树形

(5) 整形修剪　皂荚的树形一般为高干自然式树形（图 6-236）。根据繁育目的定干，如作为行道树主干控制在 3～3.5m，随后选择不同方向、不同高度、分枝角度好、长势健壮的 3～5 个一级分枝并短截至 30～50cm 长作为主枝培养，及时抹除萌芽。翌年，留二级枝，即可形成树冠骨架。成型树修剪应及时疏除过密枝、交叉枝、重叠枝、病虫枝。皂角的侧枝生长较平展，过长时易下垂，应及时对其短截，剪口留内向壮芽；疏除徒长枝、背上直立枝，如果周围有空间可采取轻短截的办法促发二次枝，弥补空间。

（6）栽培管理　移栽于秋季落叶后至春季芽萌动前进行，定植前施适量腐熟有机肥作基肥，以后可不再施肥。每年春季萌动之前至开花期间浇水 2～3 次，秋季切忌浇水过多。3 年生以上的植株秋后霜冻前应充分浇灌越冬水。常见病虫害有皂荚豆象和皂荚食心虫，可秋后及时处理受害荚果，防止越冬幼虫化蛹成蛾。

四十二、七叶树

（1）学名　*Aesculus chinensis*.

（2）科属　七叶树科七叶树属。

（3）树种简介　落叶乔木，高达 25m，树皮深褐色或灰褐色，小枝圆柱形，黄褐色或灰褐色，无毛或嫩时有微柔毛，有圆形或椭圆形淡黄色的皮孔。冬芽大型，有树脂。掌状复叶，由 5～7 小叶组成，叶柄长 10～12cm，有灰色微柔毛；小叶纸质，长圆披针形至长圆倒披针形，稀长椭圆形，先端短锐尖，基部楔形或阔楔形，边缘有钝尖形的细锯齿，长 8～16cm，宽 3～5cm，上面深绿色，无毛，下面除中肋及侧脉的基部嫩时有疏柔毛外，其余部分无毛；中肋在上面显著，在下面凸起，侧脉 13～17 对，在上面微显著，在下面显著；中央小叶的小叶柄长 1～1.8cm，两侧的小叶柄长5～10mm，有灰色微柔毛。

花序圆筒形，连同长 5～10cm 的总花梗在内共长 21～25cm，花序总轴有微柔毛，小花序常由 5～10 朵花组成，平斜向伸展，有微柔毛，长 2～2.5cm，花梗长 2～4mm。花杂性，雄花与两性花同株，花萼管状钟形，长 3～5mm，外面有微柔毛，不等 5 裂，裂片钝形，边缘有短纤毛；花瓣 4，白色，长圆倒卵形至长圆倒披针形，长 8～12mm，宽 5～1.5mm，边缘有纤毛，基部爪状；雄蕊 6，长 1.8～3cm，花丝线状，无毛，花药长圆形，淡黄色，长 1～1.5mm；子房在雄花中不发育，在两性花中发育良好，卵圆形，花柱无毛。

果实球形或倒卵圆形，顶部短尖或钝圆而中部略凹下，直径 3～4cm，黄褐色，无刺，具很密的斑点，果壳干后厚 5～6mm，种子常 1～2 粒发育，近于球形，直径 2～3.5cm，栗褐色；种脐白色，约占种子体积的 1/2。花期 4～5 月，果期 10 月（图 6-237～图 6-239，见彩图）。

图 6-237　七叶树全株

图 6-238　七叶树树干和叶片

图 6-239　七叶树的花

七叶树喜光，也耐半阴和湿润气候，不耐严寒，喜肥沃深厚土壤。

我国河北南部、山西南部、河南北部、陕西南部均有栽培，仅秦岭有野生的。

(4) 繁殖方法　七叶树以种子繁殖为主，也可扦插繁殖。果实成熟后湿沙储藏，待翌年春季播种。该树淀粉含量高，沙藏时应注意检查贮藏温湿度，防止种子霉烂。播种时注意覆土不要过厚。幼苗生长注意遮阴，防止日灼，小中苗忌涝，应栽培在地势高的地块，注意雨季及时排水。幼苗喜光，稍耐半阴，耐旱、耐寒、耐干冷（北方地区应注意防风），耐轻度盐碱（北方应注意土壤 pH 值与全盐的含量）。扦插养殖可采用夏季嫩枝扦插或冬季 1 年生枝条硬枝扦插，使用激素可以提高扦插成活率。嫁接可以增强长势，幼苗嫁接成活率高。此树属于深根性，不宜多次移植，移植时应带土球，以提高成活率。

(5) 整形修剪　七叶树常用的整形方式为高干自然式圆球形（图 6-240）、卵圆形（图 6-241）。在生长过程中一般不需要修剪，只需将影响树形的无用枝、混乱枝剪去即可。在幼苗展叶期抹去多余的分枝，当幼苗长至 3～3.5m 时，截去主梢定干，并于当年冬季或翌年早春在剪口下选留 3～5 个生长健壮、分枝均匀的主枝短截，夏季在选定的主枝上选留 2～3 个方向适宜、分布均匀的芽培养侧枝。次年夏季对主侧枝摘心，控制生长，其余枝条按空间选留。第 3 年，按第 2 年方法继续培养主侧枝。以后注意保留辅养枝，对影响树形的逆向枝疏除，保留水平或斜向上的枝条，修剪时不可损伤中干和主枝，否则无从代替主枝。

(6) 栽培管理　为提高苗木越冬的抗低温、干旱能力，9 月中旬以后应停止施肥。为有利于来年苗木移植，可在 11～12 月，在离根部 20～30cm 处呈 45°用起苗铲快速将主根截断，这样，既可控制苗木对水分的吸收，又可促进苗木木质化，并多生长吸收根。七叶树大多数是用于庭园、公园绿化及行道树的栽植，因此需要培育成大苗以供绿化工程用。1 年生苗木在春季进行移栽，以后每隔 1 年栽 1 次。幼苗喜湿润，喜肥。小苗移植的株行距可视苗木在圃

图 6-240　七叶树自然式圆球形树形

图 6-241　七叶树卵圆形树形

地留床的时间而定，留床时间长的株行距可以大一些，一般为1.5m×1.5m。小苗移植和大苗移栽前都应施足基肥，移植时间一般为冬季落叶后至翌年春季（3 月前）苗木未发芽时进行。移植时均应带土球，土球的大小一般为树（苗）木胸径的 7～10 倍。为防止树皮灼裂，可以将树干用草绳围住。成年树木每年冬季落叶后应在树木四周开沟施肥，最好施用有机肥，以利于翌年多发枝、多开花。

四十三、榉树

（1）学名　*Zelkova serrata*（Thunb.）Makinoz.

（2）科属　榆科榉属。

（3）树种简介　乔木，高达 30m，胸径达 100cm；树皮灰白色或褐灰色，呈不规则的片状剥落；当年生枝紫褐色或棕褐色，疏被短柔毛，后渐脱落；冬芽圆锥状卵形或椭圆状球形。叶薄纸质至厚纸质，大小、形状变异很大，卵形、椭圆形或卵状披针形，长 3～10cm，宽 1.5～5cm，先端渐尖或尾状渐尖，基部有的稍偏斜，圆形或浅心形，稀宽楔形，叶面绿，干后绿或深绿，稀暗褐色，稀带光泽，幼时疏生糙毛，后脱落变平滑，叶背浅绿，幼时被短柔毛，后脱落或仅沿主脉两侧残留有稀疏的柔毛，边缘有圆齿状锯齿，具短尖头，侧脉 7～14 对；叶柄粗短，长 2～6mm，被短柔毛；托叶膜质，紫褐色，披针形，长 7～9mm。雄花具极短的梗，径约

3mm，花被裂至中部，花被裂片6～7，不等大，外面被细毛，退化子房缺；雌花近无梗，径约1.5mm，花被片4～5，外面被细毛，子房被细毛。

核果几乎无梗，淡绿色，斜卵状圆锥形，上面偏斜、凹陷，直径2.5～3.5mm，具背腹脊，网肋明显，表面被柔毛，具宿存的花被。花期4月，果期9～11月（图6-242～图6-245，见彩图）。

图6-242 榉树全株

图6-243 榉树枝叶

图6-244 榉树根茎

图6-245 榉树的花

榉树多垂直分布于海拔500m以下之山地、平原，在云南可达海拔1000m。阳性树种，喜光，喜温暖环境。耐烟尘及有害气体。适生于深厚、肥沃、湿润的土壤，对土壤的适应性强，在酸性、中性、碱性土及轻度盐碱土上均可生长。深根性，侧根广展，抗风力强。忌积水，不耐干旱和贫瘠。

榉树产于我国淮河及秦岭以南，长江中下游至华南、西南各省区。西南、华北、华东、华中、华南等地区均有栽培。

(4) 繁殖方法　常见播种育苗。可在晚秋和初春进行。秋播随采随播，翌春3月上、中旬发芽，种子发芽率和出苗率高，苗木生长期长；但易受鸟兽危害。春播宜在雨水至惊蛰时播种，最迟不得迟于3月下旬。苗床播种后加盖遮光率50%～75%的遮阳网，有利于保湿和后期苗木管理。播种量为150～200kg/hm^2，保持土壤湿润，以利种子萌发。

播种时行条播，行距20cm，覆土厚度0.5cm，并盖草浇透水。插种后25～30天，种子发芽出土，应及时揭草炼苗，并防治鸟害。幼苗期需及时间苗、松土除草和灌溉追肥。苗木生长高峰期在7月至9月下旬。苗期每年应除草3～5次，每次松土除草后追肥1次，最后1次施肥可在8月上旬进行。榉树苗期苗木会出现分杈，需及时修整。

(5) 整形修剪　榉树修枝宜在初夏生长季或冬季休眠期进行，时间以冬季休眠时为好。随着树龄增大，2～3年开始逐年修去树高1/3的底层枝，持续修剪多次。依据榉树的培植目标，修枝培养树形的要求是：培育园林绿化树种，主干枝下高度应保持在2.5～3m，并及时去除内膛枝、交叉枝、平行枝、病虫枝及枯死枝。

(6) 栽培管理

① 中耕除草：除草、松土是榉树大苗（幼树）的重要管理措施。通过除草、松土，防止杂草与幼树争夺土壤水分和养分，提高土壤通气性，改善苗木根系的呼吸作用，促进土壤微生物的繁殖和土壤有机物的分解，促进苗木生长。幼龄期的榉树圃地，每年需松土、除草3～4次。每次除草、松土后，应将杂草覆盖根际保墒保湿。

② 抗旱排涝：榉树虽能适应一定的干旱气候，但仍需适宜湿润气候。气候持续干旱时，应及时浇水灌溉，防止苗木失水致死，

雨季尤要及时开沟排水以降渍。地下水位过高和土壤含水过多，均会对榉树产生严重不良影响。

③ 合理施肥：榉树苗木培育需在速生季节适时施肥。施肥的原则是苗木生长初期，选用速效肥料；生长中期（速生期）施用氮素化肥；后期增施磷、钾肥，促进苗木木质化。

施肥量，1 年生苗木每年平均每亩施 N、P_2O_5、K_2O 7kg、3kg、4kg，腐熟烂肥 1500kg，采用前轻、中稳、后控的施肥方法，一般年施追肥 4～6 次；2 年至多年生苗木每年每亩施 N、P_2O_5、K_2O 15～20kg、6～8kg、8～10kg，腐热烂肥 2000～2500kg。

④ 病虫防治：尚未发现榉树有严重的病害。苗期现已发现 20 多种虫害，主要有小地老虎、蚜虫、尺蠖、叶螟、毒蛾、袋蛾、金龟子等。对食叶害虫可及时喷洒 80％敌敌畏 1000 倍液、90％敌百虫 1200 倍液或 2.5％敌杀死 6000 倍液等杀虫剂 1～2 次；对于地下害虫小地老虎须浇灌或用毒饵诱杀。

四十四、楸树

(1) 学名　*Catalpabungei* C. A. Mey.

(2) 科属　紫葳科梓属。

(3) 树种简介　小乔木，高 8～12m。叶三角状卵形或卵状长圆形，长 6～15cm，宽达 8cm，顶端长渐尖，基部截形、阔楔形或心形，有时基部具有 1～2 牙齿，叶面深绿色，叶背无毛；叶柄长 2～8cm。

顶生伞房状总状花序，有花 2～12 朵。花萼蕾时圆球形，2 唇开裂，顶端有 2 尖齿。花冠淡红色，内面具有 2 黄色条纹及暗紫色斑点，长 3～3.5cm。

蒴果线形，长 25～45cm，宽约 6mm。种子狭长椭圆形，长约 1cm，宽约 2cm，两端生长毛。花期 5～6 月，果期 6～10 月（图 6-246～图 6-249，见彩图）。

楸喜光，较耐寒，适生于年平均气温 10～15℃、降水量 700～1200m 的环境。喜深厚肥沃湿润的土壤，不耐干旱、积水，忌地

图 6-246 楸树全株

图 6-247 楸树枝叶

图 6-248 楸树树干

图 6-249 楸树的花

下水位过高，稍耐盐碱。萌蘖性强，幼树生长慢，10 年以后生长加快，侧根发达。耐烟尘、抗有害气体的能力强。寿命长。自花不孕，往往开花而不结实。

楸产于我国河北、河南、山东、山西、陕西、甘肃、江苏、浙江、湖南。广西、贵州、云南有栽培。

(4) 繁殖方法 常见嫁接繁殖，冬季和春季均可进行，芽接从春季到晚秋均可进行。冬季利用农闲时间，挖出梓砧在室内嫁接，接后在室内或窖内堆放整齐，湿沙贮藏，促进其接口愈合。早春转入圃地定植，株行距 1m×0.4m，每亩 1500～2000 株。春季“清明”前后嫁接为好。在苗圃地随平茬，随嫁接，随封土，嫁接成活率一般在 90%左右。

嫁接以劈接和芽接为主。劈接时先将接穗留一轮芽，在芽上

1cm 和下部 3～5cm 处剪下，下部修成楔形待接。将梓砧距地表 3～5cm 处剪去，选光滑面沿髓心劈开 3～5cm 深，拔刀时用拇指和食指捏紧接穗插入刀口。注意接穗和砧木的形成层对好。若砧木和接穗夹得不牢，可用麻绳和塑料条捆绑，然后用湿土封好伤口。10～15 天即可萌芽抽梢。芽接以嵌芽接为主。

（5）整形修剪　楸树耐修剪，萌芽力较强。楸树在栽植前一般进行截干处理，干高可按使用要求或设计要求确定。春季待新生枝条长至 30cm 左右时，在与顶端较近的枝条中，选取三四个长势强壮、分布均匀且不在同轨迹上的枝条作主枝，其余新生枝条全部剪除。在生长期内，主干还会抽生些芽，都应及时抹除，防止消耗过多的养分。楸树的新枝条生长速度较快，当年就可长到 80～120cm。秋末落叶后，对所选留的主枝进行中短截，保留 40～60cm，一定要留外芽。在栽培管理过程中，有些人经常不对主枝进行短截，任其生长，这样做的结果是导致楸树树冠窄小而不开张，既不美观，遮阴面积也小。故对主枝进行中短截，选留外芽是扩大楸树树冠的有力措施。第 2 年春末，对主枝上新生的小枝进行筛选，每个主枝上保留 2 个新枝做侧枝。所选枝条要长势健壮且不能相互交错，其余枝条全部疏除，秋末落叶后再对这些枝条进行中短截，同样保留外芽。经过上述修剪后，楸树的基本树形就形成了，在以后的养护中，只需要对下垂枝、交叉枝、过密枝、病虫枝、干枯枝进行疏除即可。

（6）栽培管理　楸树对水分的要求比较严格，在日常养护中应加以重视。以春天栽植的苗子为例，除浇好头三水外，还应该于 5 月、6 月、9 月、10 月各浇到 2 次透水，7 月和 8 月是降水丰沛期，如果不是过于干旱则可以不浇水，12 月初要浇足浇透防冻水。第 2 年 3 月初应及时浇返青水，4 月、5 月、6 月、9 月、10 月各浇到 2 次透水；12 月初浇防冻水。第 3 年可按第 2 年的方法浇水，第 4 年后除浇好返青水和防冻水外，可靠自然降水生长，但天气过于干旱时，降水少时仍应浇水，对生长多年的行道树也应在干旱时浇水，这样有利于植株的生长和延长寿命。楸树喜肥，除在栽植时施足基肥外，还应每年秋末结合浇冻水施些经腐熟发酵的芝麻酱渣或牛马粪，在 5 月初可给植株施用些尿素，可使植株枝叶繁茂，加速生长；7 月下旬施用些磷钾肥，能有效提高植株枝条的木质化程度，利于植株安全越冬。

参考文献

[1] 成仿云. 园林苗圃学. 北京：中国林业出版社，2012.

[2] 丁彦芬. 园林苗圃学. 南京：东南大学出版社，2003.

[3] 邹志荣. 园艺设施学. 北京：中国农业出版社，2005.

[4] 邹志荣. 现代园艺设施. 北京：中央广播电视大学出版社，2002.

[5] 陈又生. 观赏灌木与藤本花卉. 合肥：安徽科学技术出版社，2003.

[6] 叶要妹. 160种园林绿化苗木繁育技术. 北京：化学工业出版社，2011.

[7] 郑宴义. 园林植物繁殖栽培实用新技术. 北京：中国农业出版社，2006.

[8] 徐晔春，吴棣飞. 观赏灌木. 北京：中国电力出版社，2013.

[9] 毛龙生. 观赏树木学. 南京. 东南大学出版社，2003.

[10] 沈海龙. 苗木培育学. 北京：中国林业出版社，2009.

[11] 郑志新. 园林植物育苗. 北京：化学工业出版社，2012.

[12] 丁梦然. 园林苗圃植物病虫害无公害防治. 北京：中国农业出版社，2004.

[13] 许传森. 林木工厂化育苗新技术. 北京：中国农业科学技术出版社，2006.

[14] 韩召军. 园艺昆虫学. 北京：中国农业出版社，2008.

[15] 徐晔春. 观叶观果植物1000种经典图鉴. 长春：吉林科学技术出版社，2011.

[16] 孟月娥. 彩叶植物新品种繁育技术. 郑州：中原农民出版社，2008.

[17] 张耀钢. 观赏苗木育苗关键技术. 南京：江苏科学技术出版社，2003.

[18] 张天麟. 园林树木1600种. 北京：中国建筑工业出版社，2010.

[19] 闫双喜，等. 景观园林植物图鉴. 郑州：河南科学技术出版社，2013.

[20] 郑宴义. 园林植物繁殖栽培实用新技术. 北京: 中国农业出版社, 2006.

[21] 陈志远, 陈红林, 等. 常用绿化树种苗木繁育技术. 北京: 金盾出版社, 2008.

[22] 陈发棣. 观赏园艺学通论. 北京: 中国林业出版社, 2011.

[23] 张洁. 银杏栽培技术. 北京: 总后金盾出版社, 2010.

[24] 牛焕琼. 观赏植物苗木繁殖技术. 北京: 中国林业出版社, 2013.

[25] 方伟民, 陈发棣. 观赏苗木繁殖与培育技术. 北京: 金盾出版社, 2004.

[26] 汪杨. 广玉兰大树移栽技术. 现代农业科技, 2010, 4: 250-251.

欢迎订阅农业种植类图书

书号	书　名	定价/元
18211	苗木栽培技术丛书——樱花栽培管理与病虫害防治	15.0
18194	苗木栽培技术丛书——杨树丰产栽培与病虫害防治	18.0
15650	苗木栽培技术丛书——银杏丰产栽培与病虫害防治	18.0
15651	苗木栽培技术丛书——树莓蓝莓丰产栽培与病虫害防治	18.0
18188	作物栽培技术丛书——优质抗病烤烟栽培技术	19.8
17494	作物栽培技术丛书——水稻良种选择与丰产栽培技术	19.8
17426	作物栽培技术丛书——玉米良种选择与丰产栽培技术	23.0
16787	作物栽培技术丛书——种桑养蚕高效生产及病虫害防治技术	23.0
16973	A级绿色食品——花生标准化生产田间操作手册	21.0
18095	现代蔬菜病虫害防治丛书——茄果类蔬菜病虫害诊治原色图鉴	59.0
17973	现代蔬菜病虫害防治丛书——西瓜甜瓜病虫害诊治原色图鉴	39.0
17964	现代蔬菜病虫害防治丛书——瓜类蔬菜病虫害诊治原色图鉴	59.0
17951	现代蔬菜病虫害防治丛书——菜用玉米菜用花生病虫害及菜田杂草诊治图鉴	39.0
17912	现代蔬菜病虫害防治丛书——葱姜蒜薯芋类蔬菜病虫害诊治原色图鉴	39.0
17896	现代蔬菜病虫害防治丛书——多年生蔬菜、水生蔬菜病虫害诊治原色图鉴	39.8
17789	现代蔬菜病虫害防治丛书——绿叶类蔬菜病虫害诊治原色图鉴	39.9
17691	现代蔬菜病虫害防治丛书——十字花科蔬菜和根菜类蔬菜病虫害诊治原色图鉴	39.9
17445	现代蔬菜病虫害防治丛书——豆类蔬菜病虫害诊治原色图鉴	39.0
16916	中国现代果树病虫原色图鉴(全彩大全版)	298.0
16833	设施园艺实用技术丛书——设施蔬菜生产技术	39.0
16132	设施园艺实用技术丛书——园艺设施建造技术	29.0
16157	设施园艺实用技术丛书——设施育苗技术	39.0
16127	设施园艺实用技术丛书——设施果树生产技术	29.0

续表

书号	书　　名	定价/元
09334	水果栽培技术丛书——枣树无公害丰产栽培技术	16.8
14203	水果栽培技术丛书——苹果优质丰产栽培技术	18.0
09937	水果栽培技术丛书——梨无公害高产栽培技术	18.0
10011	水果栽培技术丛书——草莓无公害高产栽培技术	16.8
10902	水果栽培技术丛书——杏李无公害高产栽培技术	16.8
12279	杏李优质高效栽培掌中宝	18.0
22777	山野菜的驯化及高产栽培技术 50 例	29.0
22640	园林绿化树木整形与修剪	23.0
22846	苗木繁育及防风固沙树种栽培	28.0
22055	200 种花卉繁育与养护	39.0
23603	观赏灌木苗木繁育与养护	45.0
23195	园林绿化苗木栽培与养护	39.0
23583	果树繁育与养护管理大全	49.0
23015	园林绿化植物种苗繁育与养护	39.8
255709	常见园林树木移植与栽培养护	39.00

如需以上图书的内容简介、详细目录以及更多的科技图书信息，请登录 www.cip.com.cn。

邮购地址：(100011) 北京市东城区青年湖南街 13 号　化学工业出版社

服务电话：010-64518888，64519683（销售中心）；如要出版新著，请与编辑联系：010-64519351